国家出版基金项目

绿色制造丛书

组织单位 | 中国机械工程学会

压力容器绿色制造技术

陈学东　范志超　郑津洋　陈永东　崔　军

章小浒　艾志斌　徐双庆　郭晓璐　聂德福　著

陈　炜　董　杰　周　煜　朱建新　周　兵

U0179086

机械工业出版社

CHINA MACHINE PRESS

本书侧重于介绍压力容器设计方法和运行维护过程的绿色化，主要包括四章：第1章概括了压力容器全球技术发展趋势和我国整体发展情况；第2章介绍压力容器轻量化绿色制造技术，分为材料许用强度系数调整、低合金高强度钢开发应用与轻量化设计制造、换热器的协同设计技术、奥氏体不锈钢应变强化工艺控制、碳纤维复合材料应用五节内容进行阐述；第3章介绍压力容器长周期绿色运维技术，分为工程风险评估、在役承压设备合于使用评价、在役压力容器的检测监测预警、灾前预防与灾后恢复控制四节内容进行阐述；第4章对压力容器绿色制造技术未来发展方向进行展望。

本书可作为高等学校化工机械、储运等相关专业本科生及研究生的参考书，也可供相关生产企业、设计院及研究院从事压力容器设计和开发的工程技术人员参考。

图书在版编目（CIP）数据

压力容器绿色制造技术/陈学东等著 . —北京：机械工业出版社，2022.6

（绿色制造丛书）

国家出版基金项目

ISBN 978-7-111-70655-7

Ⅰ.①压… Ⅱ.①陈… Ⅲ.①压力容器-制造-无污染技术 Ⅳ.①TH49

中国版本图书馆 CIP 数据核字（2022）第 071179 号

机械工业出版社（北京市百万庄大街 22 号　邮政编码 100037）

策划编辑：郑小光　　　　责任编辑：郑小光　杨　璇

责任校对：张　征　刘雅娜　责任印制：李　娜

北京宝昌彩色印刷有限公司印刷

2022 年 6 月第 1 版第 1 次印刷

169mm×239mm・13.25 印张・236 千字

标准书号：ISBN 978-7-111-70655-7

定　　价：68.00 元

"绿色制造丛书" 编撰委员会

主 任
宋天虎　中国机械工程学会
刘　飞　重庆大学

副主任（排名不分先后）
陈学东　中国工程院院士，中国机械工业集团有限公司
单忠德　中国工程院院士，南京航空航天大学
李　奇　机械工业信息研究院，机械工业出版社
陈超志　中国机械工程学会
曹华军　重庆大学

委 员（排名不分先后）
李培根　中国工程院院士，华中科技大学
徐滨士　中国工程院院士，中国人民解放军陆军装甲兵学院
卢秉恒　中国工程院院士，西安交通大学
王玉明　中国工程院院士，清华大学
黄庆学　中国工程院院士，太原理工大学
段广洪　清华大学
刘光复　合肥工业大学
陆大明　中国机械工程学会
方　杰　中国机械工业联合会绿色制造分会
郭　锐　机械工业信息研究院，机械工业出版社
徐格宁　太原科技大学
向　东　北京科技大学
石　勇　机械工业信息研究院，机械工业出版社
王兆华　北京理工大学
左晓卫　中国机械工程学会
朱　胜　再制造技术国家重点实验室
刘志峰　合肥工业大学
朱庆华　上海交通大学

张洪潮　大连理工大学
李方义　山东大学
刘红旗　中机生产力促进中心
李聪波　重庆大学
邱　城　中机生产力促进中心
何　彦　重庆大学
宋守许　合肥工业大学
张超勇　华中科技大学
陈　铭　上海交通大学
姜　涛　工业和信息化部电子第五研究所
姚建华　浙江工业大学
袁松梅　北京航空航天大学
夏绪辉　武汉科技大学
顾新建　浙江大学
黄海鸿　合肥工业大学
符永高　中国电器科学研究院股份有限公司
范志超　合肥通用机械研究院有限公司
张　华　武汉科技大学
张钦红　上海交通大学
江志刚　武汉科技大学
李　涛　大连理工大学
王　蕾　武汉科技大学
邓业林　苏州大学
姚巨坤　再制造技术国家重点实验室
王禹林　南京理工大学
李洪丞　重庆邮电大学

"绿色制造丛书" 编撰委员会办公室

主　任
刘成忠　陈超志

成　员（排名不分先后）
王淑芹　曹　军　孙　翠　郑小光　罗晓琪　李　娜　罗丹青　张　强　赵范心
李　楠　郭英玲　权淑静　钟永刚　张　辉　金　程

制造是改善人类生活质量的重要途径，制造也创造了人类灿烂的物质文明。

也许在远古时代，人类从工具的制作中体会到生存的不易，生命和生活似乎注定就是要和劳作联系在一起的。工具的制作大概真正开启了人类的文明。但即便在农业时代，古代先贤也认识到在某些情况下要慎用工具，如孟子言："数罟不入洿池，鱼鳖不可胜食也；斧斤以时入山林，材木不可胜用也。"可是，我们没能记住古训，直到 20 世纪后期我国乱砍滥伐的现象比较突出。

到工业时代，制造所产生的丰富物质使人们感受到的更多是愉悦，似乎自然界的一切都可以为人的目的服务。恩格斯告诫过：我们统治自然界，决不像征服者统治异民族一样，决不像站在自然以外的人一样，相反地，我们同我们的肉、血和头脑一起都是属于自然界，存在于自然界的；我们对自然界的整个统治，仅是我们胜于其他一切生物，能够认识和正确运用自然规律而已（《劳动在从猿到人转变过程中的作用》）。遗憾的是，很长时期内我们并没有听从恩格斯的告诫，却陶醉在"人定胜天"的臆想中。

信息时代乃至即将进入的数字智能时代，人们惊叹欣喜，日益增长的自动化、数字化以及智能化将人从本是其生命动力的劳作中逐步解放出来。可是蓦然回首，倏地发现环境退化、气候变化又大大降低了我们不得不依存的自然生态系统的承载力。

不得不承认，人类显然是对地球生态破坏力最大的物种。好在人类毕竟是理性的物种，诚如海德格尔所言：我们就是除了其他可能的存在方式以外还能够对存在发问的存在者。人类存在的本性是要考虑"去存在"，要面向未来的存在。人类必须对自己未来的存在方式、自己依赖的存在环境发问！

1987 年，以挪威首相布伦特兰夫人为主席的联合国世界环境与发展委员会发表报告《我们共同的未来》，将可持续发展定义为：既满足当代人的需要，又不对后代人满足其需要的能力构成危害的发展。1991 年，由世界自然保护联盟、联合国环境规划署和世界自然基金会出版的《保护地球——可持续生存战略》一书，将可持续发展定义为：在不超出支持它的生态系统承载能力的情况下改善人类的生活质量。很容易看出，可持续发展的理念之要在于环境保护、人的生存和发展。

世界各国正逐步形成应对气候变化的国际共识，绿色低碳转型成为各国实现可持续发展的必由之路。

中国面临的可持续发展的压力尤甚。经过数十年来的发展，2020年我国制造业增加值突破26万亿元，约占国民生产总值的26%，已连续多年成为世界第一制造大国。但我国制造业资源消耗大、污染排放量高的局面并未发生根本性改变。2020年我国碳排放总量惊人，约占全球总碳排放量30%，已经接近排名第2~5位的美国、印度、俄罗斯、日本4个国家的总和。

工业中最重要的部分是制造，而制造施加于自然之上的压力似乎在接近临界点。那么，为了可持续发展，难道舍弃先进的制造？非也！想想庄子笔下的圃畦丈人，宁愿抱瓮舀水，也不愿意使用桔槔那种杠杆装置来灌溉。他曾教训子贡："有机械者必有机事，有机事者必有机心。机心存于胸中，则纯白不备；纯白不备，则神生不定；神生不定者，道之所不载也。"（《庄子·外篇·天地》）单纯守纯朴而弃先进技术，显然不是当代人应守之道。怀旧在现代世界中没有存在价值，只能被当作追逐幻境。

既要保护环境，又要先进的制造，从而维系人类的可持续发展。这才是制造之道！绿色制造之理念如是。

在应对国际金融危机和气候变化的背景下，世界各国无论是发达国家还是新型经济体，都把发展绿色制造作为赢得未来产业竞争的关键领域，纷纷出台国家战略和计划，强化实施手段。欧盟的"未来十年能源绿色战略"、美国的"先进制造伙伴计划2.0"、日本的"绿色发展战略总体规划"、韩国的"低碳绿色增长基本法"、印度的"气候变化国家行动计划"等，都将绿色制造列为国家的发展战略，计划实施绿色发展，打造绿色制造竞争力。我国也高度重视绿色制造，《中国制造2025》中将绿色制造列为五大工程之一。中国承诺在2030年前实现碳达峰，2060年前实现碳中和，国家战略将进一步推动绿色制造科技创新和产业绿色转型发展。

为了助力我国制造业绿色低碳转型升级，推动我国新一代绿色制造技术发展，解决我国长久以来对绿色制造科技创新成果及产业应用总结、凝练和推广不足的问题，中国机械工程学会和机械工业出版社组织国内知名院士和专家编写了"绿色制造丛书"。我很荣幸为本丛书作序，更乐意向广大读者推荐这套丛书。

编委会遴选了国内从事绿色制造研究的权威科研单位、学术带头人及其团队参与编著工作。丛书包含了作者们对绿色制造前沿探索的思考与体会，以及对绿色制造技术创新实践与应用的经验总结，非常具有前沿性、前瞻性和实用性，值得一读。

丛书的作者们不仅是中国制造领域中对人类未来存在方式、人类可持续发展的发问者，更是先行者。希望中国制造业的管理者和技术人员跟随他们的足迹，通过阅读丛书，深入推进绿色制造！

华中科技大学　李培根

2021 年 9 月 9 日于武汉

在全球碳排放量激增、气候加速变暖的背景下，资源与环境问题成为人类面临的共同挑战，可持续发展日益成为全球共识。发展绿色经济、抢占未来全球竞争的制高点，通过技术创新、制度创新促进产业结构调整，降低能耗物耗、减少环境压力、促进经济绿色发展，已成为国家重要战略。我国明确将绿色制造列为《中国制造2025》五大工程之一，制造业的"绿色特性"对整个国民经济的可持续发展具有重大意义。

随着科技的发展和人们对绿色制造研究的深入，绿色制造的内涵不断丰富，绿色制造是一种综合考虑环境影响和资源消耗的现代制造业可持续发展模式，涉及整个制造业，涵盖产品整个生命周期，是制造、环境、资源三大领域的交叉与集成，正成为全球新一轮工业革命和科技竞争的重要新兴领域。

在绿色制造技术研究与应用方面，围绕量大面广的汽车、工程机械、机床、家电产品、石化装备、大型矿山机械、大型流体机械、船用柴油机等领域，重点开展绿色设计、绿色生产工艺、高耗能产品节能技术、工业废弃物回收拆解与资源化等共性关键技术研究，开发出成套工艺装备以及相关试验平台，制定了一批绿色制造国家和行业技术标准，开展了行业与区域示范应用。

在绿色产业推进方面，开发绿色产品，推行生态设计，提升产品节能环保低碳水平，引导绿色生产和绿色消费。建设绿色工厂，实现厂房集约化、原料无害化、生产洁净化、废物资源化、能源低碳化。打造绿色供应链，建立以资源节约、环境友好为导向的采购、生产、营销、回收及物流体系，落实生产者责任延伸制度。壮大绿色企业，引导企业实施绿色战略、绿色标准、绿色管理和绿色生产。强化绿色监管，健全节能环保法规、标准体系，加强节能环保监察，推行企业社会责任报告制度。制定绿色产品、绿色工厂、绿色园区标准，构建企业绿色发展标准体系，开展绿色评价。一批重要企业实施了绿色制造系统集成项目，以绿色产品、绿色工厂、绿色园区、绿色供应链为代表的绿色制造工业体系基本建立。我国在绿色制造基础与共性技术研究、离散制造业传统工艺绿色生产技术、流程工业新型绿色制造工艺技术与设备、典型机电产品节能减排技术、退役机电产品拆解与再制造技术等方面取得了较好的成果。

但是作为制造大国，我国仍未摆脱高投入、高消耗、高排放的发展方式，资源能源消耗和污染排放与国际先进水平仍存在差距，制造业绿色发展的目标尚未完成，社会技术创新仍以政府投入主导为主；人们虽然就绿色制造理念形成共识，但绿色制造技术创新与我国制造业绿色发展战略需求还有很大差距，一些亟待解决的主要问题依然突出。绿色制造基础理论研究仍主要以跟踪为主，原创性的基础研究仍较少；在先进绿色新工艺、新材料研究方面部分研究领域有一定进展，但颠覆性和引领性绿色制造技术创新不足；绿色制造的相关产业还处于孕育和初期发展阶段。制造业绿色发展仍然任重道远。

本丛书面向构建未来经济竞争优势，进一步阐述了深化绿色制造前沿技术研究，全面推动绿色制造基础理论、共性关键技术与智能制造、大数据等技术深度融合，构建我国绿色制造先发优势，培育持续创新能力。加强基础原材料的绿色制备和加工技术研究，推动实现功能材料特性的调控与设计和绿色制造工艺，大幅度地提高资源生产率水平，提高关键基础件的寿命、高分子材料回收利用率以及可再生材料利用率。加强基础制造工艺和过程绿色化技术研究，形成一批高效、节能、环保和可循环的新型制造工艺，降低生产过程的资源能源消耗强度，加速主要污染排放总量与经济增长脱钩。加强机械制造系统能量效率研究，攻克离散制造系统的能量效率建模、产品能耗预测、能量效率精细评价、产品能耗定额的科学制定以及高能效多目标优化等关键技术问题，在机械制造系统能量效率研究方面率先取得突破，实现国际领先。开展以提高装备运行能效为目标的大数据支撑设计平台，基于环境的材料数据库、工业装备与过程匹配自适应设计技术、工业性试验技术与验证技术研究，夯实绿色制造技术发展基础。

在服务当前产业动力转换方面，持续深入细致地开展基础制造工艺和过程的绿色优化技术、绿色产品技术、再制造关键技术和资源化技术核心研究，研究开发一批经济性好的绿色制造技术，服务经济建设主战场，为绿色发展做出应有的贡献。开展铸造、锻压、焊接、表面处理、切削等基础制造工艺和生产过程绿色优化技术研究，大幅降低能耗、物耗和污染物排放水平，为实现绿色生产方式提供技术支撑。开展在役再设计再制造技术关键技术研究，掌握重大装备与生产过程匹配的核心技术，提高其健康、能效和智能化水平，降低生产过程的资源能源消耗强度，助推传统制造业转型升级。积极发展绿色产品技术，研究开发轻量化、低功耗、易回收等技术工艺,研究开发高效能电机、锅炉、内燃机及电器等终端用能产品,研究开发绿色电子信息产品,引导绿色消费。开展新型过程绿色化技术研究,全面推进钢铁、化工、建材、轻工、印染等行业绿色制造流程技术创新,新型化工过程强化技术节能环保集成优化技术创新。开展再制造与资源化技术研究,研究开发新一代再制造技术与装备,深入推进废旧汽车(含新能源汽车)零部件和退役机电产品回收逆向物流系统、拆解/破碎/分离、高附加值资源化等关键技术与装备研究并应用示范,实现机电、汽车等产品的可拆卸和易回收。研究开发钢铁、冶金、石化、轻工等制造流程副产品绿色协同处理与循环利用技术,提高流程制造资源高效利用绿色产业链技术创新能力。

在培育绿色新兴产业过程中,加强绿色制造基础共性技术研究,提升绿色制造科技创新与保障能力,培育形成新的经济增长点。持续开展绿色设计、产品全生命周期评价方法与工具的研究开发,加强绿色制造标准法规和合格评判程序与范式研究,针对不同行业形成方法体系。建设绿色数据中心、绿色基站、绿色制造技术服务平台,建立健全绿色制造技术创新服务体系。探索绿色材料制备技术,培育形成新的经济增长点。开展战略新兴产业市场需求的绿色评价研究,积极引领新兴产业高起点绿色发展,大力促进新材料、新能源、高端装备、生物产业绿色低碳发展。推动绿色制造技术与信息的深度融合,积极发展绿色车间、绿色工厂系统、绿色制造技术服务业。

非常高兴为本丛书作序。我们既面临赶超跨越的难得历史机遇,也面临差距拉大的严峻挑战,唯有勇立世界技术创新潮头,才能赢得发展主动权,为人类文明进步做出更大贡献。相信这套丛书的出版能够推动我国绿色科技创新,实现绿色产业引领式发展。绿色制造从概念提出至今,取得了长足进步,希望未来有更多青年人才积极参与到国家制造业绿色发展与转型中,推动国家绿色制造产业发展,实现制造强国战略。

中国机械工业集团有限公司　陈学东

2021 年 7 月 5 日于北京

丛书序三

　　绿色制造是绿色科技创新与制造业转型发展深度融合而形成的新技术、新产业、新业态、新模式，是绿色发展理念在制造业的具体体现，是全球新一轮工业革命和科技竞争的重要新兴领域。

　　我国自 20 世纪 90 年代正式提出绿色制造以来，科学技术部、工业和信息化部、国家自然科学基金委员会等在"十一五""十二五""十三五"期间先后对绿色制造给予了大力支持，绿色制造已经成为我国制造业科技创新的一面重要旗帜。多年来我国在绿色制造模式、绿色制造共性基础理论与技术、绿色设计、绿色制造工艺与装备、绿色工厂和绿色再制造等关键技术方面形成了大量优秀的科技创新成果，建立了一批绿色制造科技创新研发机构，培育了一批绿色制造创新企业，推动了全国绿色产品、绿色工厂、绿色示范园区的蓬勃发展。

　　为促进我国绿色制造科技创新发展，加快我国制造企业绿色转型及绿色产业进步，中国机械工程学会和机械工业出版社联合中国机械工程学会环境保护与绿色制造技术分会、中国机械工业联合会绿色制造分会，组织高校、科研院所及企业共同策划了"绿色制造丛书"。

　　丛书成立了包括李培根院士、徐滨士院士、卢秉恒院士、王玉明院士、黄庆学院士等 50 多位顶级专家在内的编委会团队，他们确定选题方向，规划丛书内容，审核学术质量，为丛书的高水平出版发挥了重要作用。作者团队由国内绿色制造重要创导者与开拓者刘飞教授牵头，陈学东院士、单忠德院士等 100 余位专家学者参与编写，涉及 20 多家科研单位。

　　丛书共计 32 册，分三大部分：① 总论，1 册；② 绿色制造专题技术系列，25 册，包括绿色制造基础共性技术、绿色设计理论与方法、绿色制造工艺与装备、绿色供应链管理、绿色再制造工程 5 大专题技术；③ 绿色制造典型行业系列，6 册，涉及压力容器行业、电子电器行业、汽车行业、机床行业、工程机械行业、冶金设备行业等 6 大典型行业应用案例。

　　丛书获得了 2020 年度国家出版基金项目资助。

　　丛书系统总结了"十一五""十二五""十三五"期间，绿色制造关键技术与装备、国家绿色制造科技重点专项等重大项目取得的基础理论、关键技术和装备成果，凝结了广大绿色制造科技创新研究人员的心血，也包含了作者对绿色制造前沿探索的思考与体会，为我国绿色制造发展提供了一套具有前瞻性、系统性、实用性、引领性的高品质专著。丛书可为广大高等院校师生、科研院所研发人员以及企业工程技术人员提供参考，对加快绿色制造创新科技在制造业中的推广、应用，促进制造业绿色、高质量发展具有重要意义。

当前我国提出了 2030 年前碳排放达峰目标以及 2060 年前实现碳中和的目标，绿色制造是实现碳达峰和碳中和的重要抓手，可以驱动我国制造产业升级、工艺装备升级、重大技术革新等。因此，丛书的出版非常及时。

绿色制造是一个需要持续实现的目标。相信未来在绿色制造领域我国会形成更多具有颠覆性、突破性、全球引领性的科技创新成果，丛书也将持续更新，不断完善，及时为产业绿色发展建言献策，为实现我国制造强国目标贡献力量。

中国机械工程学会　宋天虎
2021 年 6 月 23 日于北京

前　言

　　《中国制造 2025》提出"加大先进节能环保技术、工艺和装备的研发力度，加快制造业绿色改造升级；积极推行低碳化、循环化和集约化，提高制造业资源利用效率；强化产品全生命周期绿色管理，努力构建高效、清洁、低碳、循环的绿色制造体系"。为了实现"中国二氧化碳排放力争于 2030 年前达到峰值，努力争取 2060 年前实现碳中和"的双碳目标，《中华人民共和国国民经济和社会发展第十四个五年规划和 2035 年远景目标纲要》明确指出，深入实施智能制造和绿色制造工程，发展服务型制造新模式，推动制造业高端化智能化绿色化。改造提升传统产业，推动石化、钢铁、有色、建材等原材料产业布局优化和结构调整，扩大轻工、纺织等优质产品供给，加快化工、造纸等重点行业企业改造升级，完善绿色制造体系。

　　压力容器是承受一定内压或外压、包容化学（危害性）介质压力边界、具有潜在泄漏和爆炸危险的承压类特种设备，在我国国民经济和国防事业发展中发挥着不可替代的作用。它具有两大特点：一是量大面广，广泛用于石化、冶金、电力、燃气、航空航天、海洋工程等国民经济和国防军工重要领域；二是失效事故频发，压力容器往往承受高温、高压、低温、深冷、易燃、易爆、有毒或腐蚀介质综合作用，一旦发生失效，往往并发火灾、爆炸、环境污染、放射性污染等灾难性事故，严重影响人民生命财产安全、国家经济运行和社会稳定。为此，2017 年 9 月，中共中央、国务院出台《关于开展质量提升行动的指导意见》（中发〔2017〕24 号），将压力容器等特种设备与高铁、大飞机、核电等列为高端装备，要求提升产品质量与核心竞争力。推行压力容器绿色制造，建立完善绿色制造体系，是加快实施制造强国建设、加快传统产业转型升级的重要任务之一。

　　21 世纪初以来，伴随着世界经济形势快速变化、资源品质劣化和能源结构调整，压力容器逐渐向高温、高压、低温、深冷、复杂腐蚀、超大容积、超大壁厚、超长超高等极端方向发展，传统压力容器设计制造与维护技术面临严峻挑战。我国压力容器科技工作者在原国家质检总局、科技部支持下，"产学研用"

协同攻关，在先后解决了典型腐蚀介质环境下含缺陷结构合于使用评价、成套装置失效风险评估以及关键基础材料、关键加工工艺等技术难题的基础上，突破了"拓边界、修准则、控风险"技术瓶颈，在国际上首次提出并建立了基于全生命周期风险控制的设计制造与维护技术方法，研制千万吨级炼油、百万吨级乙烯、50万吨级醋酸等国家重大工程建设急需的多种国产首台套重大装备，使得我国重要压力容器基本不再依赖进口，万台设备失效事故率逐年下降，已达到发达国家先进水平，标志着我国压力容器设计制造与维护技术实现了从跟跑、并跑到局部领跑的跨越。

近年来，为提高效率、降低成本，压力容器不断大型化，大型化往往导致重型化，壁厚达400mm，有的甚至超500mm，重量超千吨，不仅耗材耗能费工，而且加工制造困难，甚至超出现有建造能力，产生新的失效模式，留下安全隐患。国内外都曾出现多次重型压力容器失效事故，如近年来十多个厚壁压力容器由于设计制造能力限制，存在先天性裂纹，材料韧性差，设备在水压试验过程中就发生了脆性断裂。因此，如何在确保本质安全的前提下，实现超大型、重型压力容器的轻量化绿色制造，是我国压力容器领域需要重点关注的突出问题。同时，研究重要压力容器在脆性断裂、塑性失稳以外失效模式下的安全性以及台风、火灾、地震等灾害条件下的灾前预防与灾后控制技术，减少失效事故对环境造成的破坏污染、实现绿色运行，也是压力容器领域面临的突出问题。此外，近年来全球物联网、大数据等现代信息技术与人工智能技术快速发展，正孕育新一轮的科技革命和产业变革，给我国传统压力容器技术带来了前所未有的机遇与挑战。如何与现代信息技术、人工智能技术深度融合，推动我国压力容器技术的数字化、网络化、智能化发展，进而加快绿色制造体系的建立，是我国压力容器科技工作者需要关注和探索的另一重要问题。

压力容器绿色制造技术的发展目标是在保证安全和功能的前提下，提高资源和能源的利用效率，降低全生命周期对生态环境的负面影响。压力容器绿色制造包含设计方法、制造工艺、运行维护三个方面。本书侧重于介绍设计方法和运行维护的绿色化，主要从材料许用强度系数调整、低合金高强度钢开发应用与轻量化设计制造、换热器的协同设计技术、奥氏体不锈钢应变强化工艺控制、碳纤维复合材料应用等方面来阐述压力容器轻量化绿色制造技术进展；主要从工程风险评估、在役承压设备合于使用评价、在役压力容器的检测监测预警、灾前预防与灾后恢复控制等方面来阐述压力容器长周期绿色运维技术进步，最后对未来发展趋势进行展望。

本书具体撰写分工如下：第 1 章由陈学东、范志超、郭晓璐撰写，第 2 章由陈学东、崔军、章小浒、周兵、郑津洋、徐双庆、郭晓璐、聂德福撰写，第 3 章由陈永东、陈炜、范志超、董杰、周煜、朱建新、艾志斌撰写，第 4 章由陈学东、范志超、郭晓璐、徐双庆撰写。

感谢"压力容器绿色制造技术"撰写组所有成员的辛勤工作。愿本书的出版，能进一步增进行业技术交流，共同推进压力容器新材料、新技术、新工艺、新装备的研发与应用，共同促进我国压力容器绿色制造技术进步。

由于作者水平有限，书中难免存在错误和不妥之处，恳请各位读者批评指正。

作　者

2021 年 8 月

目录 CONTENTS

第 1 章

——

概　　述

1.1　压力容器

压力容器是承受一定内压或外压、包容化学（危害性）介质压力边界、具有潜在泄漏和爆炸危险的承压类特种设备。它具有两大特点：一是量大面广，截至 2020 年年底，我国在用压力容器 439.6 万台，压力管道约 100 万 km，气瓶 1.8 亿只，广泛用于石化、冶金、电力、燃气、航空航天、海洋工程等国民经济和国防军工各领域，在国家经济和国防建设中发挥着重要作用；二是失效事故频发，压力容器往往承受高温、高压、低温、深冷、易燃、易爆、有毒或腐蚀介质综合作用，一旦发生失效，往往并发火灾、爆炸、环境污染、放射性污染等灾难性事故，严重影响人民生命财产安全、国家经济运行和社会稳定。

1.2　全球压力容器技术发展趋势

压力容器所处理的多为腐蚀、有毒、易燃、易爆等介质，危险性极高，因此，世界各国均将压力容器作为特种设备予以强制监管。21 世纪以来，为提高效率和降低成本，全球压力容器技术呈现的发展趋势体现在以下几方面。

1.2.1　设计制造通用化和标准化

对于常规压力容器，通用化和标准化意味着设备互换性提高，有利于压力容器使用单位日常维护与管理，能够最大限度地降低设计制造及运行维护成本，这也是全球各国压力容器"走出去"的通行证。从世界范围内压力容器出口大国情况可以看出，国际化的工程公司可以带动本国压力容器行业发展和标准的国际化认可，从而获得更大的国际话语权和经济利润。尽管世界上各国技术标准的内容不完全相同，但各国都把自己的标准与其他标准相容作为目标，以实现标准的互相认可。例如，1999 年美国机械工程师学会（American Society of Mechanical Engineers，ASME）对欧洲技术标准《承压设备指令》（Pressure Equipment Directive，PED）进行深入分析，并将 PED 对承压设备的基本安全要求（Essential Safety Requirement，ESR）与 ASME Ⅷ-1 设计、建造和管理等相关要求进行系统比较，证明了 ASME 标准增加部分内容即可满足 PED 要求。

1.2.2　服役条件的极端化

伴随着资源品质劣化和能源结构调整，压力容器在石油化工、核工业、煤化工等领域应用中向装置大型化、介质苛刻化、运行长周期方向发展。例如，单套炼油装置产能已达 2000 万 t/年，单套乙烯装置产能已达 120 万 t/年，容器内介质含硫含酸腐蚀性加剧，检修周期由原来的 1~3 年延长至 4~6 年。应用场合的日益苛刻导致压力容器面临高温高压、低温深冷、复杂腐蚀、超大直径、超大壁厚等极端条件考验。压力容器大型化、高参数化的发展趋势，使耐高温、耐高压和耐腐蚀的压力容器用材料的研制与开发成为重要研究方向。压力容器用材料发展趋势主要体现在：①高纯净度，冶金工业整体技术水平和装备水平的提高，极大地促进了材料的纯净度，进而提高了材料力学性能指标和安全性；②介质适用性，针对各种腐蚀性介质和操作工况，研究开发超级不锈钢、双相钢、特种合金等金属材料，以适应各种实际应用条件，为装置长周期安全生产提供保证；③应用界限，针对高温蠕变、回火脆化、低温脆断等方面进行研究，以准确地给出相应条件下材料的应用范围；④更高强度材料的应用，在设备大型化的要求下，传统的材料已无法解决超大型及超高压容器的选材问题，目前标准抗拉强度≥800MPa 高强度材料的应用正在引起研究人员的广泛关注。

▶▶ 1.2.3　设计制造与维护的绿色化

压力容器设计制造与维护的绿色化，包括：设计方法的绿色化，使得产品节材节能与高效运行；制造过程中的绿色化，如优化流程、改进焊接热处理工序等导致的节能减排；运行过程中维护方式的绿色化，实现安全节能环保，如合于使用评价、基于风险的检验等，都是绿色维护技术。国际上压力容器轻量化绿色设计制造技术发展趋势主要体现在：①在设计过程中，通过降低压力容器材料控制与设计、制造、检验各环节的不确定性，科学调整材料许用强度系数，减少设计冗余、降低容器壁厚，针对换热器采取传热流动与管子、管板强度、刚度协同优化设计的方法，同时减薄管板厚度和提高传热效率，实现节能节材；②在制造过程中，通过开发强韧性相匹配的低合金高强度钢并研究其生产工艺控制方法，合理提高材料强度，安全地减少用材，利用奥氏体不锈钢应变强化技术来提高不锈钢低温压力容器的承载能力，实现减重，采用复合材料取代部分金属材料，与金属压力容器相比，能够显著减轻重量；③在运行维护过程中，通过开发应用基于风险的检验（Risk-Based Inspection，RBI）、合于使用评价（Fitness-For-Service，FFS）等技术，实现压力容器安全可靠运行与节能环保。

▶▶ 1.2.4　全生命周期的智能化

近年来，全球物联网、大数据等现代信息技术与人工智能技术快速发展，孕育着新一轮的科技革命和产业变革，促进压力容器设计、制造、焊接、检验检测、使用管理等全生命周期向智能化方向发展。智能制造是传统制造技术与大数据、云计算、移动互联网等现代信息技术，特别是人工智能技术深度融合的产物，是企业进一步提升产品质量、提高生产率、降低资源消耗的重要手段。智能制造是一个不断演变的大系统，过去开展的柔性制造、虚拟制造、并行工程、数字化加工，当前的网络化制造、"云制造"等，都是智能制造在不同阶段的具体表现。压力容器技术智能化发展趋势主要体现在：材料基因组与增材制造、网络协同制造与智能工厂、智能运行与维护等方面。

1.3 我国压力容器技术整体发展情况

我国压力容器科技工作者在原国家质检总局、科技部、中石化、中石油的支持下，"产学研用"协同攻关，在先后解决了典型腐蚀介质环境下含缺陷结构合于使用评价、成套装置失效风险评估以及关键基础材料、关键加工工艺等技术难题的基础上，突破了"拓边界、修准则、控风险"技术瓶颈，在国际上首次提出并建立了基于全生命周期风险控制的设计制造与维护技术方法，研制出千万吨级炼油、百万吨级乙烯、50万吨级醋酸大型煤化工等国家重大工程建设急需的多种国产首台（套）重大装备，使得我国重要压力容器基本不再依赖进口，万台设备失效事故率逐年下降并达到发达国家先进水平。我国压力容器技术整体发展情况体现在以下几方面。

▷ 1.3.1 压力容器技术标准体系逐步完善

从自身国情出发，我国制定了压力容器选材、设计、制造、损伤模式识别、基于风险的检验、在线检测监测、合于使用评价等方面从法律、法规、规章到技术标准的完整体系，并在全行业共同努力下不断充实和完善，有效促进了行业技术进步。

▷ 1.3.2 我国压力容器设计边界逐步拓展

针对压力容器服役条件极端化趋势，通过"产学研用"协同攻关，揭示了高温、深冷、超高压、强腐蚀等极端压力容器失效模式和机理，建立了完善的极端压力容器设计准则和方法，拓展了我国压力容器设计边界。研究建立的高温蠕变疲劳强度设计、低温防脆断设计、超高压疲劳强度设计、复杂介质腐蚀抗环境断裂设计、超大尺度防屈曲设计等新方法和准则覆盖了国外标准规范最新的压力和温度边界，其中复杂介质腐蚀抗环境断裂设计超越了国外。我国压力容器设计边界拓展图如图1-1所示。

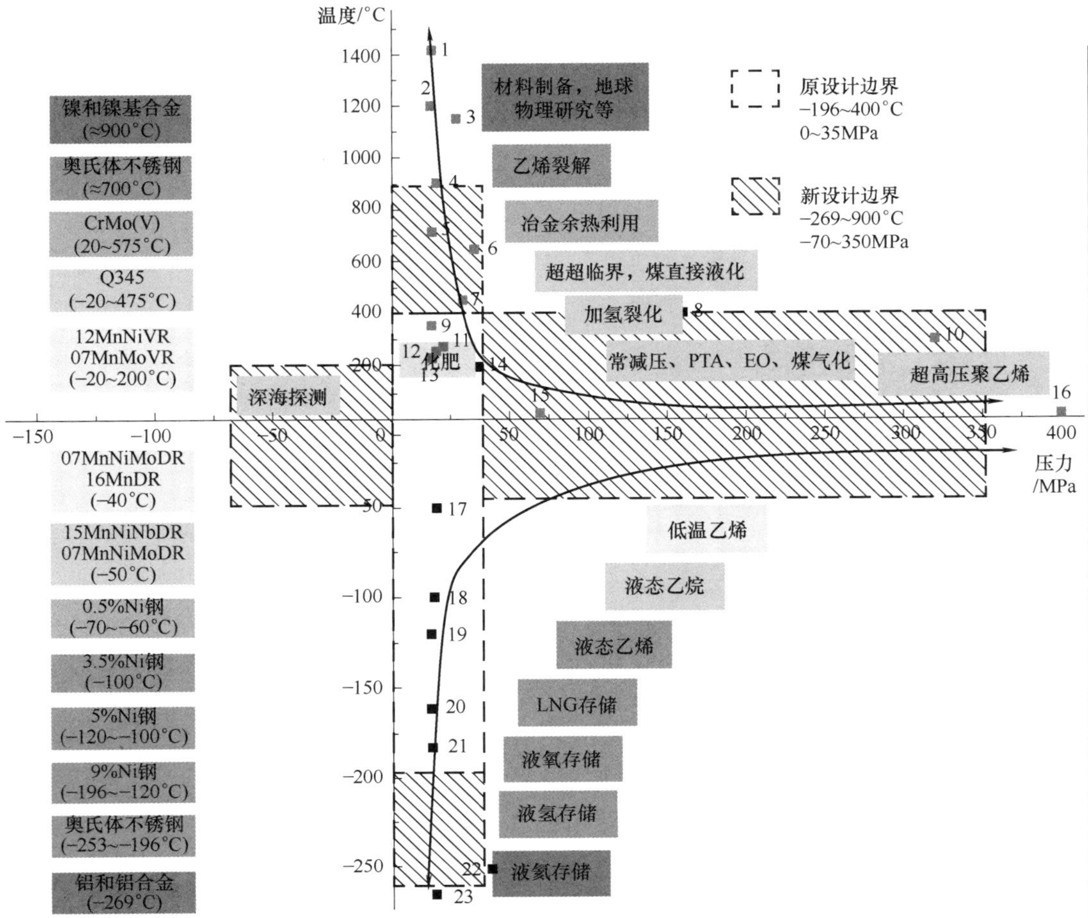

设备	工况	参数
高温压力容器	高温	温度:900℃
催化裂化再生器		温度:720℃
加氢反应器	高温+高压+疲劳	温度:454℃ 压力:21.6MPa 壁厚:(358+6.5)mm
集焦塔	高温+高压+大壁厚	温度:50~495℃ 直径:8600mm
冷高压分离器	高压+腐蚀+大壁厚+H₂	压力:19.4MPa 介质:油气,H₂S,H₂ 壁厚:200mm
管式反应器	超高压+疲劳	压力:0~294MPa
深海探测器	高(外)压	压力:~70MPa
低温乙烷球罐	低温	温度:-100℃
液态乙烯球罐	低温	温度:-120℃
LNG储罐	低温+大直径	温度:-162℃ 直径:40000mm
液氧储罐	低温+高压+疲劳	压力:0~26MPa 温度:-196℃,-50℃
液氢储容器	低温+高压	压力:10MPa 温度:-253℃
液氨容器	低温	温度:-269℃
醋酸反应器	强腐蚀	介质:醋酸,甲醇等
氧化反应器	强腐蚀+大直径	介质:对二甲苯,醋酸,四溴乙烷等
费托反应器	大直径+重型	直径:9600mm 重量:2033t
EO反应器	大直径+厚管板	直径:7000mm 管板厚度:390mm
循环氢冷却器	大直径+大长度	直径:4000mm 换热管长:20000mm
C3分离塔	大直径+大高度	直径:8000mm 高度:101000mm
汽油分馏塔	大直径	直径:13200mm

图 1-1 我国压力容器设计边界拓展图

1.3.3 实施基于风险与寿命的设计制造

在国际上首次提出基于风险与寿命的设计制造理念，建立了基于全生命周期风险控制的设计制造方法，开发出专业分析软件和数据库。该方法已被 TSG 21《固定式压力容器安全技术监察规程》、GB 150 等压力容器标准规范采纳，并指导了 20 多种反应、换热、储存、分离压力容器的设计制造，极大地提升了我国压力容器设计制造的整体水平，标志着我国率先迈入了以全生命风险识别、预测与控制为基准进行设计制造的新时期。

1.3.4 深入推进高端、绿色、智能制造

瞄准高端、绿色、智能制造发展方向，合肥通用机械研究院有限公司（以下简称为合肥通用院）、浙江大学、中国石化工程建设有限公司、中石化洛阳工程有限公司、中国一重集团有限公司、中国二重集团有限公司、兰州兰石集团有限公司等单位通过"产学研用"联合攻关，致力于开发更高参数的极端压力容器，打破国外技术封锁；开展重要压力容器节能节材降耗绿色制造关键技术研究，研制出大型加钒钢加氢反应器、超大型丁辛醇换热器、大型高参数低温乙烯球罐、奥氏体不锈钢深冷储运容器等典型轻量化重大装备；积极促进材料基因组与增材制造、网络协同制造与智能工厂、基于特征安全参量的智能远程运维等智能化技术在压力容器领域的研发应用，提升压力容器技术智能化水平；解决压力容器关键基础材料、核心制造工艺、关键零部件等工业基础短板问题，推动产业迈向中高端。

1.3.5 关键技术突破确保长周期安全运行

合肥通用院等单位借助国际合作，在国内石化行业成套装置率先进行基于风险的检验（RBI）技术研究与应用，解决国外技术与我国装置设备相适应的难题，提出了成套装置基于风险的检验工程技术方法，开发了含缺陷压力容器合于使用评价（FFS）技术、在线检测监测技术等，形成一套达到国际先进水平的基于风险的在役维护技术体系。该成果在国内广泛应用，实现了我国检修理念和方式的根本变革，使得我国炼油装置检修周期由原来的 1 年延长至目前的 3 ~ 6 年、乙烯装置由原来的 2 年延长至目前的 4 ~ 6 年，万台事故率由 21 世纪初的 2.5 下降至 0.09，总体达到世界先进水平，中石化、中石油所属企业年检修费用降低了 15% ~ 35%。

1.4 我国压力容器绿色制造技术总体情况

压力容器绿色制造技术涉及设计、制造和运行维护过程中的绿色化技术。下面从轻量化绿色制造和长周期绿色运维两个方面进行总体介绍，并在第 2 章和第 3 章进行详细叙述。

1.4.1 轻量化绿色制造

1. 材料许用强度系数调整

压力容器材料许用强度系数是考虑材料、设计、制造、检验各环节不确定性而设置的冗余保险系数。在保证压力容器本质安全前提下合理调整材料许用强度系数，是实现压力容器轻量化设计制造的重要途径之一。我国压力容器工作者已开展了大量试验和工业规模验证，深入研究了高温、高压、低温、深冷、复杂腐蚀等苛刻条件下压力容器材料的适应性，建立了高温蠕变疲劳、超高压疲劳、低温深冷脆性断裂、应力腐蚀、腐蚀疲劳等损伤评价和寿命预测方法，提出了材料纯净度、组织与性能均匀性、冲击韧性、耐蚀性等关键指标控制要求，减小了材料性能的不确定性。他们系统研究了我国压力容器典型材料与 4 大类失效模式、83 种损伤机理之间的关联规律，温度-应力-浓度等复杂物理场精细化分析计算技术，成形焊接等制造工艺对材料性能损伤程度、检测方法及性能恢复技术。基于风险防控理论，在设计制造阶段提出了结构设计、制造工艺、检验检测等环节的风险控制关键参量及其指标要求，减小了设计制造的不确定性。在使用维护阶段，提出了有针对性的在役检修策略，包括检测方法、重点部位、检测范围、检测频次等，减小了在役检验检测的不确定性。基于技术进步、全行业设计制造能力和技术水平提高，现行（2011 年修订）的 GB 150 对材料许用强度系数进行了调整，将常规设计材料许用抗拉强度系数由 3.0 调整为 2.7、许用屈服强度系数由 1.6 调整为 1.5。理论上讲，按调整后的材料许用强度系数，压力容器最多可节省约 10% 的金属材料，节材效果显著，使我国走上了在确保压力容器本质安全基础上通过调整材料许用强度系数来实现轻量化设计制造的良性发展之路。

2. 高强度钢开发应用与制造工艺控制

高强度钢开发应用是实现重型压力容器轻量化的重要手段。提高碳钢或低合金钢材料强度通常有增加碳含量和微合金弥散强化两种途径，但分别会带来材料韧性与焊接性变差、焊接冷裂纹与再热裂纹等问题。近年来，我国钢材生产厂和容器研发制造企业协同创新，通过微合金弥散强化、组织均匀性、厚度均匀性控制，轧制、锻造和热处理工艺改进等措施，开发了一批高纯净度、高性能、低成本压力容器用低合金高强度钢，并较好地解决了低合金高强度钢制造工艺控制技术难题。

例如，针对大型加氢反应器，我国在 12Cr2Mo1R 钢基础上添加合金元素 V，开发出 12Cr2Mo1VR 低合金高强度钢，使得抗拉强度下限值由 520MPa 提高到 590MPa，并通过炉外精炼、化学成分与微观组织调控、热处理工艺优化等手段，使 CrMoV 钢的纯净度、冲击韧性等技术指标达到或超过国外同类水平。但 V 元素的加入也带来了焊接冷裂纹与再热裂纹控制难题。为此，合肥通用院、全国锅炉压力容器标准化委员会、中国一重集团有限公司、中石化洛阳工程有限公司等单位通过国家 863、973 计划等课题支持，突破了焊接热力模拟、应力松弛损伤预测、开裂敏感温区调控等关键技术，提出了 CrMoV 钢避免冷裂纹与再热裂纹的焊接热处理工艺。研制出的国产首批轻量化加钒钢加氢反应器应用于中石油广西石化 400 万 t 渣油加氢装置，实现节材 6%～10%，之后在国内石油化工、煤化工等企业推广，并出口印度、伊朗等"一带一路"沿线国家，因节省材料和建造成本取得了显著的经济效益。针对百万吨乙烯工程建设所需的大型低温乙烯球罐（2000～3000m³），我国通过 Ni、Mo、Nb 微合金弥散强化、材料成分和工艺调控等措施，开发出-50℃低合金高强度钢板 07MnNiMoDR 及配套锻件 10Ni3MoVD，实现了全厚度高强度与高韧性匹配。在此基础上，通过焊接冷裂纹、再热裂纹、焊接热输入、焊后热处理、焊接返修等方面系统试验，掌握了焊接裂纹控制关键技术，实现从低合金高强度钢材料开发、大球壳板结构设计到制造工艺全套技术的国产化。研制出的国产首批轻量化 07MnNiMoDR 钢制 2000m³大型低温乙烯球罐在天津石化成功应用，之后在国内多个百万吨乙烯工程中推广，打破了国外技术封锁，相比传统 15MnNiNbDR 中强度钢，实现节材 20%，受到国内石油化工、煤化工企业的普遍欢迎。针对移动式压力容器，我国近期开发了正火型低合金高强度钢 Q420R，相比传统 Q345R，材料标准抗拉强度下限值由 510MPa 提高到 590MPa，可有效降低容器壁厚；研制出系列化低温压力容器用钢板（3.5%Ni、5%Ni、9%Ni），实现了-196～-100℃用钢全覆盖，可充分利用材料承载能力降低低温压力容器制造成本。

此外，我国压力容器生产企业不断优化生产工艺流程，提高生产过程的要素精益管理和资源配置水平，实现产品质量精确控制、机械设备高效可靠、生产过程节能环保。例如：中国一重集团有限公司为提高产品生产率，建立了加氢反应器组焊专用生产线；兰石重装等单位为降低大型压力容器现场制造成本，研发了可移动、能重复使用的超大型容器移动工厂，将重型加工装备、生产车间和热处理屋移动至项目现场临时组装，完成压力容器的加工、制造与质检。

▶ 3. 换热器协同设计

换热器是石油、化工、电力、燃气等流程工业的重要设备，同时属于高耗能特种设备，因此提高传热效率与减小结构厚度具有明显的绿色化特征。多场协同耦合分析、结构优化设计、高效传热元件开发等，是实现换热器轻量化与高效节能的重要途径。

针对尺寸超出国家标准适用范围、集反应-换热功能于一体的超大型管壳式换热器，合肥通用院、中国一重集团有限公司等单位在国家863计划与中石化课题的支持下，考虑浓度场、温度场和应力场耦合作用，通过分布式参数模型分析浓度、温度和应力的时空变化规律，建立了热物性与传热推动力协同计算、流动传热与强度刚度协同设计方法，降低了传热设计冗余。开发出大直径薄壁换热管（φ88.9mm×3.2mm），可有效降低导热热阻，提高了传热效率。变刚性管板为柔性管板连接，开发出碟形薄管板和整体锻环组合结构，可降低热应力40%以上，解决了传统厚管板热应力大、耗材多、制造成本高、制造周期长等问题。开发出网格栅式支撑折流装置，可控制介质流动方向，解决了超大直径换热器流致振动疲劳与轴向失稳控制难题。基于以上技术，研制出国际首台轻量化超大型丁辛醇装置换热器，应用于世界最大规模25万t/年丁辛醇装置，管板厚度由原来的260mm减薄至40mm，节材20%以上，并在山东兖矿等多家企业推广，目前产品最大直径达5400mm，管板厚度减薄至40mm。

此外，在换热器能效检测评价方面，我国《高耗能特种设备节能监督管理办法》及GB/T 151—2014《热交换器》均对换热器[⊖]节能设计提出要求；已颁布实施的行业标准NB/T 47004《板式热交换器》综合考虑传热系数和流动压降影响，对板式换热器能效进行定量考核。相信今后随着换热器能效评价技术研究的不断深入与考核范围的不断扩展，我国换热器节能设计水平必将会进一步提升。

▶ 4. 奥氏体不锈钢应变强化

奥氏体不锈钢具有优良的塑性、韧性及低温性能，被广泛应用于液氮、液氧、液氢、液氩、液氨、液化天然气等低温深冷储运容器的制造。利用材料应变强化效应来提高材料的屈服强度和承载能力，是实现奥氏体不锈钢深冷储运

⊖ 换热器又称为热交换器，本书统一用换热器。

容器轻量化的关键。以浙江大学郑津洋团队、合肥通用院国家工程中心、中国特种设备检测研究院（以下简称为中国特检院）寿比南团队、华东理工大学涂善东团队等为代表的研究人员，在国家国际合作计划、科技支撑计划等课题的支持下，系统研究了应变强化量、强化速率对国产材料母材及焊接接头力学性能、组织稳定性、应力腐蚀性能的影响规律，提出了国产材料应变强化适应性判据和验收指标要求；探明了压力容器应变强化过程中应力应变响应规律，考虑结构深冷疲劳、深冷失稳、塑性垮塌、塑性棘轮和交变塑性破坏，提出了压力容器结构强度设计、安定性分析和疲劳强度设计方法，编制形成我国首部应变强化技术标准 GB/T 18442.7—2017《固定式真空绝热深冷压力容器　第 7 部分：内容器应变强化技术规定》。基于以上技术，联合中集集团等装备制造企业，研制出轻量化深冷储运容器，最大容积达 $550m^3$，内容器减重 45%。相关产品国内市场占有率超过 90%，并出口澳大利亚、新加坡等 20 多个国家，全球市场份额从零跃升至 30% 以上。

▶ 5. 复合材料应用

碳纤维复合材料具有重量轻、比强度/比刚度大、可设计性强、耐腐蚀等优点，适用于新能源汽车、航空航天及船舶等领域对压力容器重量有苛刻要求的场合。近年来，哈尔滨工业大学杜善义与赫晓东团队及浙江大学、合肥通用院、中国特检院等科研机构，针对复合材料高压气瓶，开展了大量理论和试验研究并取得进展。识别了复合材料层与内衬的失效机理，建立了复合材料压力容器渐进损伤规律分析方法；考虑充气过程温升效应，建立了复合材料压力容器爆破强度与疲劳寿命预测方法；发展了变强度、变刚度缠绕结构设计理论，提出了纤维增强材料、树脂基体和内衬材料的选择原则以及材料特性参数确定方法，建立了基于滑线系数的轨迹设计方法，实现了纤维取向的精确控制，开发出纤维缠绕仿真软件平台，并针对复层与内衬变形协调难题，利用仿生学原理，提出碳纳米管聚合物接枝技术，提高了界面强度；针对复合材料层间开裂，探索粒子增韧原理，开发出微胶囊自修复技术等。

▶ 1.4.2　长周期绿色运维

▶ 1. 工程风险评估

自 20 世纪末我国有关高校与研究机构引入 RBI 概念以来，科技部及中石油、中石化设立了多项科研项目支持这项工作。合肥通用院特种设备检验站等单位已成功将该技术应用到我国石化装置承压设备的风险评估中，并于 2003 年开始陆续在茂名石化、大连西太平洋石化、大庆石化、抚顺石化、大连石化、独山子石化、齐鲁石化、扬子石化、福建炼化等石化企业进行了 2000 余套石化装置风险评估工作，并基本建立了一套适合我国国情的成套装置风险评估体系。

2002 年起合肥通用院与法国国际检验局（Bureau Veritas，BV）、挪威船级社（Det Norske Veritas，DNV）等单位开展国际合作，在我国率先针对中石化茂名石化乙烯装置、加氢装置等开展了 RBI 技术研究和工程应用，逐步解决发达国家技术与我国装置设备相适应的难题，在基于剩余寿命的风险计算、基于等风险原则确定可接受风险、失效机理数据库完善、复杂失效机制、多种失效模式共同作用下主导机制判定等方面取得了技术突破，形成了我国炼油和化工类成套装置基于风险检验的技术体系（含技术方法、专业软件、数据库和国家标准规范）。通过这项工作，一方面，发现了依靠传统检验难以发现的大量隐患，提高了装置及其高参数压力容器的安全性，基本实现了炼油装置 3~4 年、乙烯装置 4~6 年的长周期安全运行；另一方面，通过优化检验方案提高了检验的有效性，使装置检修费用节约 15%~35%。中石化在总结 RBI 应用结果的基础上，起草了等效于 API580 的石化行业标准《一种风险分析的推荐做法》，由中国石化出版社出版了《设备风险检测技术实施指南》，全书对具体实施和推行 RBI 技术的各个环节及其相关知识进行了阐述。华北石化公司引进韩国 SK 公司的 RBI 技术，通过研究改进后在催化裂化装置和加氢重整装置上应用，提高了设备运行和维保经济效率。中国特检院采用定量风险评估技术对燕山石化乙烯裂解装置和天津石化延迟焦化装置进行完整性评价和 RBI。北京化工大学借助 DNV 的 ORBIT Onshore 软件对辽阳石化 550 万 t/年的常减压装置的设备、管道和安全阀进行定量风险分析，基于风险等级和失效机理制订了设备的检验维修策略。中石油西南油气田公司利用 DNV 开发的软件，采用 RBI 技术分析得出了 187 台设施及安全阀的风险等级分布，依据等级结果制订了一个 3 年检验周期的检验方案。上海市特种设备监督检验技术研究院与华东理工大学合作，在上海赛科石化开展试点工作并在化工园区展开推广，都取得了很好的经济性和安全性效果。

近年来，随着国内石化工程和流程工业的大规模建设，完整性管理需要与日俱增。国内大力发展推广石化装置的风险评估技术用于流程工业的完整性管理，尤其是在压力容器与压力管道的风险评估技术、法律法规及相关行业标准制定方面都做了很多努力。目前，我国已经基本形成了石化装置承压设备系统包括失效模式识别、RBI 实施导则、缺陷和损伤安全评定在内的一整套技术标准体系。2009 年，《压力容器安全技术监察规程》修订为《固定式压力容器安全技术监察规程》时，将 RBI 技术纳入法规；GB/T 30579—2014《承压设备损伤模式识别》给出了承压设备主要损伤模式的损伤描述及损伤机理、损伤形态、受影响的材料、主要影响因素、易发生的装置或设备、主要预防措施、检测或监测方法、相关或伴随的其他损伤等，为承压设备损伤检测监测和预防控制提供了有效指导。国家标准 GB/T 26610《承压设备系统基于风险的检验实施导则》涵盖了承压设备系统风险评估的全过程，包括基本要求和实施程序、基于风险的检验策略、风险的定性分析方法、失效可能性定量分析方法、失效后果定量分析方法。

▶ 2. 在役承压设备合于使用评价

我国承压设备合于使用评价技术有针对性的研究主要是从 20 世纪 70 年代开始的。当时由于我国制造水平低下，许多承压设备"带病"投入使用，导致设备事故频发。为此，原机械部合肥通用机械研究所（合肥通用院的前身）组织全国科技力量探索将断裂力学应用到含超标缺陷压力容器安全评定的方法，在系统试验研究的基础上，解决了压力容器用钢断裂疲劳性能测试、不规则缺陷当量化、几何不连续部位应变计算、表面裂纹计算评定、焊接残余应力影响规律、断裂推动力计算、疲劳裂纹扩展规律试验、埋藏缺陷超声波"四定"（定性、定深、定高、定长）技术、活性缺陷声发射检测技术等难题。结合国外技术，建立了以 COD 设计曲线为基准的我国第一部缺陷评定规范 CVDA—1984《压力容器缺陷评定规范》。CVDA 规范在 20 多年时间里，解决了当时因疏于管理导致的含大量超标制造缺陷压力容器的安全使用问题，数万台含缺陷压力容器的隐患得到治理。

伴随国际含缺陷结构完整性评估技术的发展，"八五"期间我国针对体积型缺陷、平面型缺陷及高应变区缺陷开展了系统研究，在消化吸收 EPRI、R6 失效评定图方法的基础上，提出了压力容器断裂及塑性失效评定的三级技术路线。又经过 10 年的工程经验积累、验证总结与凝练，在 2004 年形成了国家标准 GB/T 19624—2004《在用含缺陷压力容器安全评定》。该标准的颁布和实施，进一步推动了国内在役含缺陷压力容器安全评定工作的开展。

为满足国家压水堆核电站标准体系建设规划要求，以 GB/T 19624—2004 标准为基础，结合核承压设备服役环境，由核动力运行研究所牵头，中核武汉核电运行技术股份有限公司、华东理工大学、上海核工程研究设计院、合肥通用院等单位共同参加，编制形成了 NB/T 20013—2010《含缺陷核承压设备完整性评定》，为含缺陷核压力容器和管道安全保障提供了标准依据。GB/T 19624—2004 标准实施 10 余年后，为适应国内承压设备相关法规和规范的发展，结合近年来国内外在含缺陷压力容器安全评定方面取得的相关科研成果和工程实践经验，针对标准使用过程中发现的简化评定、常规评定反转、材料断裂韧性和含缺陷结构安全评定关键参量计算方法缺乏等问题进行了完善和补充，修订形成GB/T 19624—2019 标准，保障了含缺陷压力容器安全评定技术在实际工程中更好地实施。

GB/T 19624 标准主要针对制造缺陷，对于很多设备使用过程中产生的缺陷或损伤未能涉及。针对这一问题，基于国内近年来在腐蚀减薄、临氢损伤、火灾损伤和蠕变损伤评价等方面取得的科研成果，参考 API 579-1/ASME FFS-1—2007 中的部分内容，并根据我国实际情况，于 2013 年启动了 GB/T 35013—2018《承压设备合于使用评价》标准的编制工作，2018 年发布。该标准给出了针对不同的缺陷类型或损伤模式的多级评价技术路线和评价方法，主要适用于腐蚀减薄（包括均匀减薄、局部减薄和点蚀），氢致开裂、氢鼓包和应力导向氢致开裂，凹陷和沟槽，错边、棱角和不圆，火灾损伤，蠕变损伤和脆性断裂倾向评价。该标准与 GB/T 19624 标准侧重点不同，两者在技术内容上互为补充、相辅相成，共同为合于使用评价技术在国内的实施、提高我国承压设备运行维护水平提供支撑。

▶ 3. 在役压力容器的监测预警技术

近年来，合肥通用院、华东理工大学、浙江理工大学、北京化工大学等单位针对石化企业和热电厂重要压力容器和管道，开展了基于特征安全参量的远程运维技术研究，并取得了初步成效。

针对重油加氢和常减压装置，合肥通用院为用户企业搭建了基于物联网的风险远程监控和应急资源管理平台，攻克了危险源自动识别、风险评估、安全应急资源管理、多源数据融合分析等关键技术；该平台可以从 DCS、ESD 等系统中提取有用信息，并与无线传感器获取信息进行融合，通过工程风险分析，实现危险源自动识别、设备实时风险评价、安全状况诊断预警和应急响应辅助决策。针对加氢裂化装置反应流出物空冷器系统，浙江理工大学偶国富团队通过监测空冷器入口温度、介质流速、介质浓度、pH 值、K_p 值（腐蚀因子）等间接特征安全参量，并结合多场耦合数值模拟和试验验证，建立了铵盐结晶速率、垢下腐蚀速率、多相流冲刷腐蚀速率预测方法，提出了高压空冷器系统特征安全参量的临界设防值，并据此开发出了监测预警系统。针对热电厂高温压力管道，华东理工大学涂善东团队在应力集中部位安装大量程高温应变传感器，监测蠕变变形的发展规律，并研制出专家诊断系统，实现高温压力管道蠕变损伤的在线监测和事故早期预警。

当前合肥通用院等单位正在针对乙烯裂解装置，开展裂解炉炉管温度场监测和蠕变损伤诊断等方面的研究，构建了高温合金炉管服役性能监测评价和早期预警平台；针对热电厂承压设备系统，在以往基于风险的检验（RBI）、安全完整性等级（SIL）、合于使用评价（FFS）、备品备件管理（SPM）等技术基础上，融合物联网技术，为海外电厂搭建远程在线监测诊断预警平台和备品备件管理平台。

▷▷ 4. 灾前预防与灾后恢复控制

存储有毒有害介质的重要压力容器一旦发生失效事故，将造成严重的环境污染。如何确保危化品储运压力容器在台风、火灾、地震等灾害条件下的抵抗能力，降低失效一旦发生时的事故损失和对环境造成的破坏污染，是需要研究解决的技术难题。"十二五"期间，在国家科技支撑计划"危化品储运压力容器防灾减灾关键技术""海底管道检测及完整性评价技术与工程示范"等课题的支持下，合肥通用院、浙江大学、中国特检院、广东特检院、中石化管道储运分公司等单位围绕危化品储运压力容器与管道开展了灾前预防与灾后恢复控制技术研究，建立了高耸塔器风致疲劳寿命预测和防风抗振结构优化设计、基于金相和硬度的火灾后压力容器损伤快速甄别及合于使用评价、大型储罐抗震安全性评价与结构优化设计、海底输油管道大尺度悬跨和偏移结构完整性评价等技术方法。以上成果的应用有效提高了我国危化品储运压力容器的灾前预防和灾后恢复控制能力。

参 考 文 献

[1] 陈学东，王冰，关卫和，等. 我国石化企业在用压力容器与管道使用现状和缺陷状况分析及失效预防对策 [J]. 压力容器，2001，18（5）：43-53.

[2] 卢秉恒，陈学东. 新形势下高端装备产业战略研究 [R]. 北京：中国工程院，2021.

[3] 陈学东. 石化通用机械领域急需攻关短板装备咨询研究报告 [R]. 北京：中国工程院，2020.

[4] 陈学东，范志超，陈永东，等. 我国压力容器设计制造与维护的绿色化与智能化 [J]. 压力容器，2017，34（11）：12-27.

[5] 陈学东. 智能制造与流程工业装备智能化远程运维 [R]. 合肥：2018 年世界制造业大会暨 2018 年中国国际徽商大会，2018.

[6] CHEN X D, CUI J, FAN Z C, et al. Design, manufacture and maintenance of high-parameter pressure vessels in china [C] //ASME PVP 2014. Anaheim：ASME, 2014.

[7] CHEN X D, FAN Z C, CHEN Y D, et al. Development of lightweight design and manufacture of heavy-duty pressure vessels in China [C] //ASME PVP 2018. Prague：ASME, 2018.

［8］ CHEN X D，FAN Z C，CHEN T，et al. Thinking on intelligent design，manufacture and main-
      tenance of pressure equipment in China ［C］//ASME PVP 2019. San Antonio：ASME，2019.

［9］ CHEN X D，YANG T C，FAN Z C，et al. On-line monitoring and warning of important in-service
      pressure equipment based on characteristic safety parameters ［C］//ASME PVP 2017. Hawaii：
      ASME，2017.

第 2 章

———

压力容器轻量化绿色制造技术

随着全球资源紧缺，世界各国政府为实现本国经济社会的可持续发展，均陆续推出了与节能减排、绿色设计和制造相关的政策、规定，引导相关技术的开发。结构轻量化作为实现节能减排、绿色设计和制造的一项重要举措，已引起工程技术界的广泛重视，相关研究不断深入。与飞机、火车和汽车车身轻量化一样，压力容器的轻量化也是实现绿色制造的重要途径。

目前，我国在引进、消化、吸收美国、欧盟、日本等发达国家和地区先进技术与经验的基础上进行再创新，通过降低压力容器材料许用强度系数、开发更高强度金属材料、开发换热器强化传热与强度刚度协同设计技术、应用奥氏体不锈钢制压力容器应变强化工艺、推广使用复合材料等措施，实现了重型压力容器的轻量化。

2.1 材料许用强度系数调整

▶ 2.1.1 材料许用强度系数

材料许用强度系数也称为安全系数，是压力容器设计时计算材料许用强度的折减量的表征。它包括了迄今为止未被人们认知的与材料性能、设计选择、计算方法、制造工艺、检验项目、操作经验、管理水平等环节相关的一系列不确定因素的经验性预估。在数值上，压力容器安全系数定义为材料性能强度与结构应力的比值。工程设计场合使用安全系数可以反映设备结构的安全程度。压力容器设计方法主要分为常规设计和分析设计。设计时通过材料性能强度除以设定的安全系数，控制结构应力不超过许用应力，从而保证所设计的压力容器结构具有不低于设定安全系数的安全裕度。

安全系数的确定需要考虑载荷类型、材料性能、设计和计算方法、制造和检验装备能力和技能、质量控制、使用维护与保障等因素。针对不同类型的失效控制，相关规范、标准分别设定了不同的安全系数（见表2-1），其中，常用的安全系数为对抗拉强度的安全系数（n_b）和对屈服强度的安全系数（n_s）。

从安全系数的数值定义可以看出，安全系数越小，结构应力则更接近于材料性能极限，同时材料利用率越高，压力容器重量越轻。因此从节约金属、绿色制造立场出发，在保证压力容器安全的前提下，安全系数越低越好。而从压力容器发展历程看，安全系数总体上是逐渐降低的。表2-2给出了美国ASME压力容器规范中对抗拉强度的安全系数（n_b）变化。促使压力容器安全系数降低的原因主要来自被动和主动两个方面。

表 2-1 压力容器安全系数一览表

安全系数种类	符 号	定 义	备 注
对抗拉强度的安全系数	n_b	$n_b = R_m/\sigma$	R_m：材料的抗拉强度
对屈服强度的安全系数	n_s	$n_s = R_{eL}/\sigma$	R_{eL}：材料的屈服强度
对持久强度极限的安全系数	n_D	$n_D = R_D/\sigma$	R_D：材料的持久强度极限平均值
对蠕变极限的安全系数	n_n	$n_n = R_n/\sigma$	R_n：材料的蠕变极限平均值
			σ：结构应力

表 2-2 美国 ASME 压力容器规范中对抗拉强度的安全系数（n_b）变化

常 规 设 计		分 析 设 计	
时 间	安 全 系 数	时 间	安 全 系 数
1914—1944 年	≥5.0	1968—2007 年	≥3.0
1944—1945 年	≥4.0	2007 年至今	≥2.4
1945—1951 年	≥5.0	注：1968 年，美国发布 ASME 压力容器规范分析设计篇（第Ⅷ卷第二分篇）	
1951—1999 年	≥4.0		
1999 年至今	≥3.5		

（1）被动方面来自特定历史时期的特殊需要 特殊历史时期受制于资源材料短缺、发展形势急需等因素影响，在未充分保证安全的情况下被动降低压力容器安全系数。例如在第二次世界大战后期，美国通过采取强制降低安全系数，以减少压力容器金属使用量。

（2）主动方面来自压力容器技术进步的推动 随着压力容器设计技术的整体进步、载荷考虑日益全面、材料质量逐年提高、设计和计算方法更为精准、制造和检验水平不断提升、使用维护与保障等更加完善，共同推动了安全系数不断降低。

▶▶ 2.1.2 我国压力容器安全系数的发展过程

伴随着我国压力容器行业发展和技术进步，我国压力容器安全系数的规定实现从依据国外标准参考选定到制定国家标准自主确定的转变，反映了我国压力容器行业自立自强的奋斗历程。从时间上看，我国压力容器安全系数经历了三个阶段逐渐降低的发展历程。

（1）1949—1967 年：参照国外规范、标准，选定安全系数 这一时期，我国无统一的压力容器设计标准，通过参照苏联、美国、英国、法国、日本等国规范、标准进行压力容器设计，采用的设计方法仅有常规设计。该阶段，我国工业体系逐渐建立和完善，消化吸收了国外的部分先进技术，技术和管理人才队伍不断壮大，压力容器从建造到使用管理水平全面稳步提升，推动压力容器安全系数显著降低，对抗拉强度的安全系数从最初的不小于 4.25 逐渐降低到不小于 3.0。

（2）1967—2009 年：制定中国规范、标准，自主确定安全系数　这一时期，通过借鉴工业发达国家的技术和经验，我国逐渐建立和完善了基于自身科研成果和国情的压力容器的法律、法规、标准体系。压力容器的设计方法也从常规设计发展到常规设计和分析设计并用，常规设计对抗拉强度的安全系数稳定在不小于 3，分析设计对抗拉强度的安全系数稳定在不小于 2.6。

1963 年，原化学工业部组织所属各设计院、第一机械工业部通用机械研究所（合肥通用机械研究院有限公司前身）、化工部化工机械研究院（天华化工机械及自动化研究设计院有限公司前身）等单位起草基于常规设计方法的《钢制化工容器设计规定》，1967 年以《钢制化工容器设计规定（试行）》形式在系统内部发行试用（图 2-1），其规定的压力容器安全系数见表 2-3。

图 2-1　《钢制化工容器设计规定（试行）》封面

表 2-3　1967 年《钢制化工容器设计规定（试行）》规定的压力容器安全系数

钢材（不包括奥氏体不锈钢）				备　注
安全系数种类	符号	定义	数值	
对抗拉强度的安全系数	n_b	$n_b = \sigma_b/\sigma$	≥2.7	
对屈服强度的安全系数	n_s	$n_s = \sigma_s/\sigma$	≥1.6	
对持久强度极限的安全系数	n_D	$n_D = \sigma_D/\sigma$	≥1.6	σ_b：材料的抗拉强度
对蠕变极限的安全系数	n_n	$n_n = \sigma_n/\sigma$	≥1.0	σ_s：材料的屈服强度
奥氏体不锈钢				σ_D：材料的持久强度极限平均值
安全系数种类	符号	定义	数值	σ_n：材料的蠕变极限平均值
对抗拉强度的安全系数	n_b	$n_b = \sigma_b/\sigma$	≥2.7	σ：结构应力
对屈服强度的安全系数	n_s	$n_s = \sigma_s/\sigma$	≥1.5	
对持久强度极限的安全系数	n_D	$n_D = \sigma_D/\sigma$	≥1.6	
对蠕变极限的安全系数	n_n	$n_n = \sigma_n/\sigma$	≥1.0	

1977 年 3 月 9 日，原石油工业部、第一机械工业部颁布实施基于常规设计方法的《钢制石油化工压力容器设计规定》，对我国压力容器建造进行规范，对安全系数的取值规定见表 2-4。1980 年补充版本删去了"当已有 $n_b < 3.0$ 的设计经验时，可采用 $n_b \geq 2.7$"的规定，将对抗拉强度的安全系数统一规定为不小于 3.0。其后，该规定历经 1982 年、1985 年两次修订，并逐步升级完善成为国家标准 GB 150—1989《钢制压力容器》和 GB 150—1998《钢制压力容器》，这一制定修订过程均维持了表 2-4 所列的安全系数规定。此外，1982 年 4 月 1 日起正式执行的原国家劳动总局颁布的《压力容器安全监察规程》以及 1990 年版、1999 年版《压力容器安全技术监察规程》针对常规设计方法下的安全系数取值均同表 2-4 中所列安全系数一致。

表 2-4　1977 年《钢制石油化工压力容器设计规定》规定的压力容器安全系数

碳素钢、低合金钢				备　　注
安全系数种类	符号	定义	数值	
对抗拉强度的安全系数	n_b	$n_b = \sigma_b / \sigma$	≥3.0[①]	σ_b：材料的抗拉强度
对屈服强度的安全系数	n_s	$n_s = \sigma_s / \sigma$	≥1.6	
对持久强度极限的安全系数	n_D	$n_D = \sigma_D / \sigma$	≥1.5	σ_s：材料的屈服强度
		$n_D = \sigma_{Dmin} / \sigma$	≥1.25	σ_D：材料的持久强度极限平均值
对蠕变极限的安全系数	n_n	$n_n = \sigma_n / \sigma$	≥1.0	σ_{Dmin}：材料的持久强度极限最小值
奥氏体不锈钢				σ_n：材料的蠕变极限平均值
安全系数种类	符号	定义	数值	σ：结构应力
对抗拉强度的安全系数	n_b	$n_b = \sigma_b / \sigma$	—	
对屈服强度的安全系数	n_s	$n_s = \sigma_s / \sigma$	≥1.5	
对持久强度极限的安全系数	n_D	$n_D = \sigma_D / \sigma$	≥1.5	
		$n_D = \sigma_{Dmin} / \sigma$	≥1.25	
对蠕变极限的安全系数	n_n	$n_n = \sigma_n / \sigma$	≥1.0	

① 当已有 $n_b < 3.0$ 的设计经验时，可采用 $n_b \geq 2.7$。

1995 年，我国颁布了基于分析设计方法的行业标准 JB 4732—1995《钢制压力容器——分析设计标准》，规定对抗拉强度的安全系数不小于 2.6，对屈服强度的安全系数不小于 1.5，该规定一直延续使用至 2009 年。

（3）2009 年至今：技术进步可有效降低我国规范、标准的安全系数，实现压力容器安全轻量化设计　我国压力容器建造和使用维护技术突飞猛进，具备了在国家和行业规范、标准中进一步降低压力容器安全系数的客观条件；同时国家层面提出以绿色制造助力经济社会可持续发展，对压力容器轻量化提出了现实需求。正是在行业自身条件和国家发展需求的双向带动下，通过降低压力容器安全系数实现压力容器安全轻量化的设计模式具备了迅速推广的发展基础。

▶ 2.1.3 调整安全系数实现压力容器轻量化

▶ 1. 调整安全系数实现压力容器轻量化需求的提出

压力容器的轻量化趋势不仅是压力容器技术进步的体现，更是推动我国压力容器行业高质量发展的内在要求。我国压力容器轻量化需求的提出可归结于三个主要因素。

（1）实现我国经济社会可持续发展的必要举措 根据安全系数的定义及其工程运用原理，安全系数的大小直接决定了压力容器的金属用量。通过降低安全系数，同样设计压力条件下的压力容器重量会相应减轻。对于压力容器这样的大宗基础装备，安全系数每降低一个百分点，节省的金属材料可达数吨之巨，无疑将极大助力资源节约和经济社会可持续发展，这已成为各工业国家压力容器行业的共识，相关部门也对调整压力容器安全系数寄予期望。

（2）提高我国压力容器产品国际竞争力的必然选择 我国压力容器产品出口量自21世纪初起逐年增多，与工业发达国家的国际市场竞争日趋激烈。出于实施可持续发展和提高产品竞争力的考虑，美欧各国均相继降低了压力容器安全系数。这导致在部分项目上，我国产品较美欧同类产品重3%~12%，严重降低了我国压力容器产品的国际竞争力水平。因此，降低压力容器安全系数成为压力容器企业的共同呼吁。

（3）保障重型压力容器安全的必由之途 21世纪以来，炼油、石化、化工等领域装置日益呈现大型化趋势，单台压力容器的外形尺寸、厚度和重量逐年刷新着先前的纪录，造成材料性能无法很好保证，并不断挑战我国乃至世界压力容器建造能力极限。例如：建造单台重量超过2000t压力容器的材料厚度可达335mm；采用板焊筒体结构的新建炼油装置热高压分离器，筒体厚度达到200mm；采用锻焊筒体结构的新建炼油、煤化工装置加氢反应器，筒体厚度多超过300mm，最厚近400mm。制造这些超大厚度的巨型压力容器组件已基本逼近我国现有冶炼、热处理能力极限，并造成筒体和封头成形困难、难以实施高质量焊接和无损检测，甚至带来装置起吊和运输不便等一系列难题。由此直接导致两个结果：一是重型压力容器建造成本急剧上升；二是即使完成设计建造并应用，也无法很好保证压力容器产品的稳定性能，增加厚度并不必然增加压力容器的安全性。压力容器用户、材料生产单位、设计单位、制造单位、监察部门均迫切希望降低安全系数，在减轻重型压力容器重量的同时，提高压力容器建造工艺水平，进而寻求压力容器安全性和经济性的统筹提升。

2. 我国压力容器安全系数的调整及其依据

通过梳理我国压力容器的设计使用经验和安全状况，可以发现，无论是采取常规设计还是分析设计，我国压力容器安全系数均已具备下调空间。

一是常规设计安全系数具备下调潜力。1967 年《钢制化工容器设计规定（试行）》试用期间，国内相关单位采用 $n_b \geqslant 2.7$、$n_s \geqslant 1.6$（对碳素钢和低合金钢）或 1.5（对奥氏体不锈钢）的安全系数，配合使用 JB 741—1965《碳素钢及不锈耐酸钢焊制容器技术条件》建造了一批小型低、中压压力容器；采用 $n_b \geqslant 3.0$、$n_s \geqslant 1.6$（对碳素钢和低合金钢）或 1.5（对奥氏体不锈钢）的安全系数，配合使用专用制造、检验和验收技术条件，建造了一批高压压力容器（见表 2-5）。其中，原化工部第四设计院在对其设计且已建造使用的低、中压压力容器图样进行复核时发现，有部分设计采用的安全系数为 $n_b = 2.7$、$n_s = 1.6$。

表 2-5　《钢制化工容器设计规定（试行）》试用期间建造的压力容器安全系数一览表

序　　号	装置名称或设备名称	建造使用的安全系数	备　　注
1	制药装置	$n_b \geqslant 2.7$ 碳素钢和低合金钢：$n_s \geqslant 1.6$ 奥氏体不锈钢：$n_s \geqslant 1.5$	小型低、中压压力容器
2	电力系统卧式容器	$n_b \geqslant 2.7$	低、中压压力容器
3	炼油和氨合成装置	$n_b \geqslant 3.0$；$n_s \geqslant 1.6$	低、中、高压压力容器

二是分析设计安全系数存在下调空间。自 1995 年我国颁布基于分析设计方法的行业标准 JB 4732—1995《钢制压力容器——分析设计标准》以来，国内采用对抗拉强度的安全系数不小于 2.6、对屈服强度的安全系数不小于 1.5 的安全系数设计了大量压力容器。1995 年、1997 年和 2000 年我国曾对在用压力容器进行 3 次安全状况调查，其调查结果见表 2-6。表中汇总了安全状况等级为 3 级、4 级的在用容器和报废的在用容器成因。结果表明，采用原安全系数（$n_b \geqslant 3.0$、$n_s \geqslant 1.6$）设计出的压力容器，并未出现与安全系数直接关联的强度、刚度和稳

定性失效。这说明我国原安全系数（$n_b \geqslant 3.0$、$n_s \geqslant 1.6$）存在降低的空间。由此可做出以下判断。

表 2-6 报废或存在潜在失效风险的在用容器成因分析

安全状况等级为 3 级的在用容器成因（总数：5063 台）

统计科目	资料不全	材料不明	结构不合理	表面裂纹	机械损伤	腐蚀	错边、棱角	埋藏缺陷
合计	2435	232	140	315	131	270	196	1344
所占比例	48.09%	4.58%	2.77%	6.22%	2.59%	5.33%	3.87%	26.55%

安全状况等级为 4 级的在用容器成因（总数：524 台）

统计科目	资料不全	材料不当	结构不合理	裂纹	逾期未检	腐蚀	错边、棱角	含超标缺陷	鼓包	无法检验
合计	26	55	14	16	33	56	8	309	6	1
所占比例	4.96%	10.50%	2.67%	3.05%	6.30%	10.69%	1.53%	58.97%	1.14%	0.19%

报废的在用容器成因（总数：247 台）

统计科目	材料劣化	材料不当或不明	结构不合理	疲劳	腐蚀
合计	19	25	23	23	157
所占比例	7.69%	10.12%	9.31%	9.31%	63.57%

① 对采用碳素钢、低合金钢、高合金钢，按常规设计建造的低、中压压力容器，取 $n_b \geqslant 2.7$、$n_s \geqslant 1.5$ 的安全系数是安全可行的。现行材料、设计、制造、检验和验收技术水平和标准要求已取得全面进步，采用此安全系数具有更大安全储备，存在进一步降低该部分压力容器安全系数的空间。

② 对采用碳素钢、低合金钢、高合金钢，按常规设计建造的高压压力容器，取 $n_b \geqslant 2.7$、$n_s \geqslant 1.5$ 的安全系数也是安全可行的。基于上述同样的分析，采用此安全系数，设备安全储备不低于按 JB 4732—1995《钢制压力容器——分析设计标准》建造的压力容器。

③ 对采用碳素钢、低合金钢、高合金钢，按分析设计建造的压力容器，按 JB 4732—1995《钢制压力容器——分析设计标准》规定的安全系数（$n_b \geqslant 2.6$、$n_s \geqslant 1.5$）存在降低潜力。以现有技术和管理能力基础完全可达到欧洲相当水平（$n_b \geqslant 2.4$、$n_s \geqslant 1.5$）。

基于上述研判，2009 年国家质量监督检验检疫总局颁布 TSG R0004—2009《固定式压力容器安全技术监察规程》（以下简称为"固容规"），调整降低了压力容器安全系数。现行"固容规"安全系数已基本达到欧美压力容器标准水平（见表 2-7、表 2-8）。

表 2-7　TSG R0004—2009《固定式压力容器安全技术监察规程》规定的常规设计安全系数

碳素钢和低合金钢				备　　注
安全系数种类	符号	定义	数值	
对抗拉强度的安全系数	n_b	$n_b = R_m/\sigma$	≥2.7	
对屈服强度的安全系数	n_s	$n_s = R_{eL}/\sigma$	≥1.5	
对持久强度极限的安全系数	n_D	$n_D = R_D/\sigma$	≥1.5	R_m：材料的抗拉强度
对蠕变极限的安全系数	n_n	$n_n = R_n/\sigma$	≥1.0	R_{eL}：材料的屈服强度
高合金钢				R_D：材料的持久强度极限平均值
安全系数种类	符号	定义	数值	R_n：材料的蠕变极限平均值
对抗拉强度的安全系数	n_b	$n_b = R_m/\sigma$	≥2.7	σ：结构应力
对屈服强度的安全系数	n_s	$n_s = R_{eL}/\sigma$	≥1.5	
对持久强度极限的安全系数	n_D	$n_D = R_D/\sigma$	≥1.5	
对蠕变极限的安全系数	n_n	$n_n = R_n/\sigma$	≥1.0	

表 2-8　TSG R0004—2009《固定式压力容器安全技术监察规程》规定的分析设计安全系数

碳素钢、低合金钢、高合金钢				备　　注
安全系数种类	符号	定义	数值	R_m：材料的抗拉强度
对抗拉强度的安全系数	n_b	$n_b = R_m/\sigma$	≥2.4	R_{eL}：材料的屈服强度
对屈服强度的安全系数	n_s	$n_s = R_{eL}/\sigma$	≥1.5	σ：结构应力

▶ 3. 我国调整压力容器安全系数的技术和管理基础

我国进行压力容器安全系数调整具有完备的技术和管理基础，在压力容器技术与管理涉及的主要方面基本达到欧美水平。

（1）安全系数调整的技术基础　影响压力容器安全系数的主要因素包括材料性能及其规定的检验项目和检验批量、考虑的载荷及载荷附加裕度、设计计算方法的精确程度、制造工艺装备水平和产品检验水平、质量管理的水平、使用操作经验、人员技能和其他未知因素等。通过上述因素变化的对比分析，结合原设计标准工程使用实践，以欧盟标准进行类比，最终确定安全系数的调整方案。

欧盟 EN 13445 压力容器标准适用于所有欧盟成员国。我国在设计时所考虑的载荷及载荷附加裕度、设计计算方法的精确程度、使用操作经验、人员技能和其他未知因素 5 个方面基本等同欧盟；制造工艺装备水平和产品检验水平稍微占优，但小型压力容器设计、制造企业的质量管理水平则稍逊。而在最关键的材料性能及其规定的检验项目和检验批量方面，我国已达到不低于欧盟平均的水准。

随着冶金水平的提高，国际范围内压力容器用碳素钢和低合金钢钢材标准对钢中磷、硫含量限制越来越严格，其中以欧盟标准为最严。欧盟压力容器用钢板标准 EN 10028：2003 在经历一次大修改后进一步严格了磷、硫含量规定。与此同时，我国 GB 713—2008（代替 GB 713—1997 和 GB 6654—1996）和 GB 3531—2008 也大幅度地提高了对磷、硫含量的技术要求，且我国相关制造单位均能满足这些新要求。表 2-9 列出了我国和欧盟压力容器常用材料的性能要求。美国 ASME 标准对磷、硫含量规定一直延续多年前的指标不变；我国正在或即将实施的一些标准，其钢中磷、硫含量规定不仅符合欧盟标准，而且低温用钢板和钢锻件的磷、硫含量指标还优于欧盟标准。

表 2-9　我国和欧盟压力容器常用材料的性能要求

碳 素 钢 板				
标　　准	牌　　号	P（%）	S（%）	备　　注
GB 713—2008	Q245R	≤0.025	≤0.015	取代 GB 6654—1996 中的 20R
EN 10028-2：2003	P235GH	≤0.025	≤0.015	——
ASME—2007	SA516Gr. 60	≤0.035	≤0.035	——

碳 锰 钢 板				
标　　准	牌　　号	P（%）	S（%）	备　　注
GB 713—2008	Q345R	≤0.025	≤0.015	取代 GB 6654—1996 中的 16MnR
EN 10028-2：2003	P355GH	≤0.025	≤0.015	——
ASME—2007	SA516Gr. 70	≤0.035	≤0.035	——

铬 钼 钢 板				
标　　准	牌　　号	名 义 成 分	P（%）	S（%）
GB 713—2008	15CrMoR	1.0Cr-0.5Mo	≤0.025	≤0.010
EN 10028-2：2003	13CrMo4-5	1.0Cr-0.5Mo	≤0.025	≤0.010
ASME—2007	SA387Gr. 12	1.0Cr-0.5Mo	≤0.035	≤0.035

低温用低镍钢板

标　准	牌　号	Ni（%）	P（%）	S（%）	备　注
GB 3531—2008	09MnNiDR	0.30～0.80	≤0.020	≤0.012	-70℃用钢
EN 10028-4：2003	13MnNi6-3	0.30～0.85	≤0.025	≤0.015	-60℃用钢
ASME—2007	SA203Gr. A	2.10～2.50	≤0.035	≤0.035	-70℃用钢

低温用低镍钢锻件

标　准	牌　号	Ni（%）	P（%）	S（%）	备　注
JB/T 4727（报批稿）	09MnNiD	0.45～0.85	≤0.020	≤0.010	-70℃用钢
EN 10222-3：1998	13MnNi6-3	0.30～0.85	≤0.025	≤0.015	-60℃用钢
ASME—2007	SA350-LF5	1.0～2.0	≤0.035	≤0.040	-60℃用钢

低温用 3.5%镍钢锻件

标　准	牌　号	P（%）	S（%）	备　注
JB/T 4727（报批稿）	08Ni3D	≤0.015	≤0.010	-100℃用钢
EN 10222-3：1998	12Ni14	≤0.020	≤0.010	-100℃用钢
ASME—2007	SA350-LF3	≤0.035	≤0.040	-100℃用钢

注：表中化学成分含量均指质量分数。

基于上述综合分析，我国已具备压力容器安全系数下调的技术基础。欧盟标准 EN 13445 将安全系数定为 $n_b \geqslant 2.4$、$n_s \geqslant 1.5$；TSG 21—2016《固定式压力容器安全技术监察规程》（以下简称为"新容规"）将压力容器常规设计的安全系数调整为 $n_b \geqslant 2.7$ 和 $n_s \geqslant 1.5$，将分析设计安全系数调整为 $n_b \geqslant 2.4$ 和 $n_s \geqslant 1.5$ 是合理的。

（2）安全系数调整的管理基础　风险是设备失效可能性与失效后果的综合表征。开展全生命周期风险技术研究是衔接压力容器设计制造与使用管理、确保轻量化压力容器本质安全的重要途径，也构成了压力容器安全系数调整的重要管理基础。

我国的风险评估研究与应用起步于 2003 年。在国际科技合作项目"基于风险评价的石化装置与城市燃气储配系统承压设备安全保障关键技术研究"的支持下，合肥通用院与法国 BV 合作，在国内率先开展了大规模的定量风险评估技术研究，通过对全国 80 余家大型炼油厂、化工厂及化肥厂涵盖全部装置种类的在用压力容器与管道开展基于风险的检验与分析，掌握了典型压力容器的主要失效模式、失效机理、失效可能性及失效后果分析，建立了83种损伤模式及其判别方法，编制了适合我国国情的承压系统失效模式、损伤机理及影响因素基础数据库（见表2-10），形成了典型炼油和化工成套装置的装置失效树和基于风险的检验指导技术文件；在充分考虑国情的基础上，提出了我国成套装置RBI工程技术方法，编制出"通用石化装置工程风险分析系统V1.0"专用分析软件（图2-2）。由此，我国初步形成了炼油和化工类成套装置基于风险检验的技术方法体系，不仅提高了我国石化装置的长周期运行能力（我国典型石化装置连续不停机运行周期从过去的1年延长至目前达到世界先进水平的3~6年，创造了连续运行78个月的长周期运行纪录），而且节约了企业运行成本，取得了显著的经济和社会效益。

表 2-10　承压系统失效模式、损伤机理及影响因素基础数据库

失效模式	损伤机理
腐蚀减薄	电化学腐蚀、大气腐蚀、保温层下腐蚀、冷却水腐蚀、锅炉冷凝水腐蚀、CO_2腐蚀、烟气露点腐蚀、碱腐蚀、土壤腐蚀、高温氧化腐蚀、选择性腐蚀、电偶腐蚀、微生物腐蚀、胺腐蚀、二硫化铵腐蚀（碱性酸水）、氯化铵腐蚀、盐酸（氯化氢）腐蚀、高温氢/硫化氢腐蚀、氢氟酸（氟化氢）腐蚀、环烷酸腐蚀、苯酚腐蚀、磷酸腐蚀、酸水腐蚀（酸性）、硫酸腐蚀、石墨腐蚀、燃灰腐蚀、金属尘化等
环境开裂	湿硫化氢环境下氢鼓包（HB）、氢致开裂（HIC）、应力导向氢致开裂（SOHIC）、硫化物应力腐蚀开裂（SSC）、氢氟酸应力腐蚀开裂、氢脆、碱脆、氨应力腐蚀开裂、氯化物应力腐蚀开裂、连多硫酸应力腐蚀开裂、胺开裂、硝酸盐应力腐蚀开裂、碳酸盐应力腐蚀开裂、腐蚀疲劳、热疲劳、液态金属脆化、钛氢化、氢腐蚀等
材质劣化	高温氢侵蚀、晶粒增长、石墨化、σ相脆化、475℃脆化、液态金属脆化、渗碳、脱碳、金属粉化、渗氮、脱金属腐蚀、钛氢化、软化（球化）、应变老化、异金属焊缝开裂、再热裂纹、淬硬、回火脆化、敏化等
机械损伤	机械疲劳、机械损伤、超压、过载、脆断、蠕变、应力断裂、热振动、热疲劳、耐火材料退化、振动引起的疲劳、腐蚀疲劳、汽蚀、短时过热、热冲击、蒸汽阻滞等

依托国际科技合作项目"以寿命为基准的承压设备设计制造关键技术研究"，合肥通用院在引进、消化、吸收国外先进设备管理技术——风险评估技术的基础上再创新，在国内率先提出"基于风险与失效模式的压力容器设计制造"技术，其核心理念是对安全系数调整后压力容器应当如何采用及采用哪些设计制造改进措施，为降低设备风险、确保服役安全提供有效的解决方案。压力容器设计制造阶段风险控制方法的工作流程如图2-3所示。

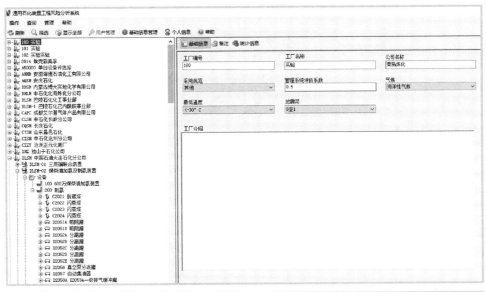

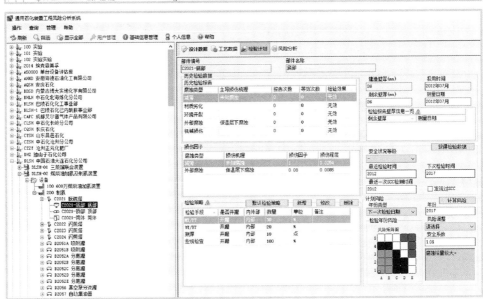

图 2-2　通用石化装置工程风险分析系统 V1.0 软件

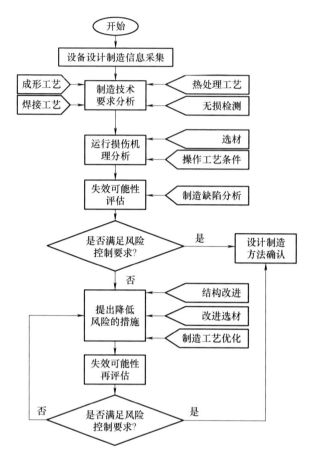

图 2-3　压力容器设计制造阶段风险控制方法的工作流程

▶▶ 2.1.4　调整安全系数的推广应用

2009 年 8 月 31 日，国家质量监督检验检疫总局颁布 TSG R0004—2009《固定式压力容器安全技术监察规程》后，基于常规设计方法，通过降低安全系数实现压力容器轻量化技术在国内得到推广应用，在确保压力容器安全的情况下，显著降低了金属材料消耗，压力容器制造成本随之降低。例如，中国石化工程建设有限公司（Sinopec Engineering Incorporation，SEI）采用调整前后的安全系数，对炼油、石化装置的部分典型压力容器进行了核算，发现降低安全系数后，压力容器平均减重约 5%（见表 2-11）。

对于基于分析设计的压力容器，标准 JB 4732—1995《钢制压力容器——分析设计标准》（2005 年确认）尚在修订过程中。

表 2-11 按常规设计的典型压力容器减重情况

名称	内径/mm	设计压力/MPa	设计温度/℃	材质	壁厚/mm	总重/kg	总重减少量/kg
火炬放空卧罐	2400	0.6	220	20R	14	6142	0
				Q245R	14	6142	
二甲苯塔	8500/8000/7200	0.95	325	16MnR	42/40/32	670000	≈23000（≈3.4%）
				Q345R	40/38/30	647000	
制氢反应器	2000	4.3	430	15CrMoR	46	29994	≈807（≈2.7%）
				新15CrMoR	44	29187	
丙烯球罐	15700	2.16	−45~50	07MnNiMoVDR（B610CF-L2）	48	293421球壳	≈24588（≈8.4%）
				07MnNiMoDR	44	268833球壳	
循环氢脱硫塔	2000	8.6	150	16MnR（HIC）	70	74700	≈4800（≈6.4%）
				Q345R（HIC）	54	69900	

2.2 低合金高强度钢开发应用与轻量化设计制造

2.2.1 压力容器用钢的开发与应用

1. 我国压力容器钢种的开发

我国压力容器用钢在世界上长期处于落后地位。20 世纪 50 年代至 80 年代初期间，国内相关单位在压力容器用低合金高强度钢和低温钢方面开发了一些钢种，典型低合金高强度钢如 16MnR、15MnVR、15MnVNR 和 18MnMoNbR 等，低温钢包括 16MnDR、09Mn2VDR 和 09MnTiCuREDR 等。由于冲击韧性低且不稳定，钢材性能水平与国外同类钢种相比差距很大；同时钢材的焊接性较差，故在行业中广泛使用的仅有 16MnR 和 16MnDR 两个钢种，无法满足国内高参数压力容器用钢日趋迫切的需求。

20 世纪 80 年代初至 90 年代末，武汉钢铁（集团）公司联合合肥通用机械研究所等有关科研院所、高等院校以及相关行业单位先后开展了"低焊接裂纹敏感性钢的研制""大型成套工程用钢国产化研究"等研究项目，完成了调质高强度钢、低温钢、正火高强度钢、中温抗氢钢等多个钢种的研究开发，克服了传统压力容器用钢诸多方面的不足，填补了多项国内空白。尽管压力容器用钢的品种和数量得到了一定提高，但仍无法满足压力容器行业巨大的市场需求，特别是高温钢（使用温度高于450℃）、低温钢（使用温度低于−70℃）、临氢环境用钢几乎空白，高强度调质钢及大厚度规格尺寸用钢的市场应用极少，这些领域的压力容器用材料大量依赖进口。

2000年至今，在市场需求推动下我国压力容器用材料技术发展迅速，一批材料生产企业相继实施工艺装备和技术改造，通过炼钢、连铸、热轧和热处理全流程生产设备的更新与改造，工艺技术水平和能力明显提高；通过微观组织的改善、晶粒和厚度方向均匀性控制、钢板轧制工艺技术改进、热处理工艺优化等措施，开发了一批高性能、经济型、低成本压力容器用新材料，钢材的国产化率进一步提升，较好地满足了行业需求。

2000年以来，合肥通用院联合国内钢铁企业和相关单位，相继开发了一批压力容器用新钢种并推广到市场应用。依托国家能源局组织的"10万 m^3 大型原油储罐用钢板的开发与应用"项目，在武汉钢铁（集团）有限公司开发并应用的原油储罐用钢WH610D2的基础上，宝山钢铁股份有限公司、鞍钢股份有限公司、舞阳钢铁有限责任公司、山东钢铁股份有限公司4家钢厂开发原油储罐用钢12MnNiVR，并成功应用于国家储备基地一期工程164台10万 m^3 原油储罐中的104台。目前该钢板已广泛应用于国内10万 m^3、12.5万 m^3 和15万 m^3 原油储罐的建造，实现了大型原油储罐用钢板的100%国产化。目前国内10多家钢铁公司可以生产该钢板，其中南京钢铁股份有限公司的市场占有率排名第一。

2004年，合肥通用院等单位研制出−50℃级正火型15MnNiNbDR高强度钢板，并用于设计温度为−50℃的低温乙烯球罐和低温压力容器，实现了2000 m^3 低温乙烯球罐的国产化。2005年，合肥通用院与宝山钢铁股份有限公司按照炼钢厂冶炼、连铸、厚板厂5m轧机轧制、离线淬火加回火的调质工艺，工业试制了12~50mm不同厚度规格、最低冲击温度为−50℃的B610CF-L2钢板。经过大量的力学性能、应用性能及焊接性能等评定试验，成功将07MnNiMoDR用于中石化天津乙烯工程、镇海炼化乙烯工程2000 m^3 低温乙烯球罐建造，其适用设计温度为−50℃、标准抗拉强度下限值为610MPa。此后又相继完成一系列压力容器用钢的开发应用，包括：开发出移动式压力容器用正火型高强度钢板Q420R（标准抗拉强度下限值为590MPa），实现高容重比移动罐车轻量化；开发出高强度、大厚度规格的2-1/4Cr-1Mo-0.30V钢和12Cr2Mo1VR钢，应用于设计温度分别为454℃和482℃的重型加氢反应器，有效减小了反应器厚度；开发出具有较

高抗 H_2S 应力腐蚀开裂性能的换热器壳程用钢 07Cr2AlMoR；开发出系列化低温压力容器用材料，实现了低温 $-196 \sim -100℃$ 用钢的全覆盖，如大型煤化工装置关键低温设备 $-100℃$ 低温用钢 08Ni3DR（3.5%Ni 钢），实现了超大型 16 万 m^3、20 万 m^3、22 万 m^3 和 27 万 m^3 的液化天然气（Liquefied Natural Gas，LNG）储罐 $-196℃$ 低温用钢 06Ni9DR（9%Ni 钢）的完全国产化。

我国钢铁企业通过装备能力和技术能力的提升，大力开发满足石油、石化、化工、煤化工、冶金、天然气等行业使用要求的高性能压力容器钢板。宝山钢铁股份有限公司、鞍钢股份有限公司、舞阳钢铁有限责任公司、南京钢铁股份有限公司、江阴兴澄特种钢铁有限公司、湖南华菱湘潭钢铁有限公司和山西太钢不锈钢股份有限公司等企业提供了大量的高性能压力容器用钢板。在已列入压力容器用钢板标准之外，为了满足行业的需求，还实现了一些压力容器用钢板的国产化。按照 EN 10028.4 的技术要求，开发了 $-60℃$ 用 13MnNi6-3 钢板，用于建造容积为 8 万 m^3 和 12 万 m^3 的大型低温乙烷储罐；按照 EN 10028.4 的技术要求，开发了 $-120℃$ 用 X12Ni5 钢板，我国牌号为 07Ni5DR（5%Ni 钢）；按照 EN 10028.3 的技术要求，开发了 $-40℃$ 用正火型高强度 P460NL1 钢板（标准抗拉强度下限值为 570MPa，当厚度不大于 20mm 时，钢板的标准抗拉强度下限值为 630MPa）；按照美国 ASME SA-553 标准的技术要求，开发了节镍型的低温 $-196℃$ 用 7%Ni 钢 06Ni7DR。为了与国际接轨，加快我国装备制造业"走出去"步伐，国内不锈钢生产企业的技术创新步伐也在加快，开发了合金化的普通奥氏体不锈钢、超级奥氏体不锈钢、双相不锈钢、超级双相不锈钢等新材料，并扩大了材料牌号和产品规格。

▶▶ 2. 我国压力容器用钢标准的进展

在压力容器新材料开发与应用的基础上，我国压力容器用钢标准的技术水平也得到了迅速提高。20 世纪 90 年代末，通过重新修订《压力容器用钢板》《低温压力容器用低合金钢钢板》等标准，我国压力容器用钢技术标准得到进一步完善。如 GB 6654—1996《压力容器用钢板》共有 7 个牌号，包括碳素钢牌号 1 个（20R）、低合金钢牌号 6 个（包括 16MnR、15MnVR、15MnVNR、18MnMoNbR、13MnNiMoNbR 和 15CrMoR）。在生产实践中，这 7 种压力容器用钢的有害元素含量偏高（P、S 质量分数分别大于 0.030% 和 0.025%），材料韧性低（各牌号的 V 型冲击吸收能量指标 KV 小于 24J），钢材最大厚度仅为 120mm。其中，15MnVR、15MnVNR 由于存在材料韧性低、焊接难度大、容易产生大量裂纹等问题，很少在压力容器制造中使用。GB 3531—1996《低温压力容器用低合金钢钢板》共有 4 个牌号，包括 16MnDR、15MnNiDR、09Mn2VDR

和 09MnNiDR。所有钢材的最低使用温度为-70℃，低温韧性要求低（各牌号的 V 型冲击吸收能量指标 KV 不小于 27J）。其中，09Mn2VDR 钢板低温韧性和焊接性差，极少在低温压力容器中使用；而 15MnNiDR 的低温冲击试验温度为 -45℃，与 16MnDR 的低温冲击试验温度-40℃只相差 5℃，也限制了其在低温压力容器中的使用。

进入 21 世纪以来，我国压力容器用钢的标准建设取得了长足进展。先后颁布实施了 GB 713—2008《锅炉和压力容器用钢板》、GB/T 713—2014《锅炉和压力容器用钢板》，2014 版标准中的牌号大幅增加，标准的技术水平大幅度提高，体现为各牌号钢种中 P、S 含量的降低和 V 型冲击吸收能量的提升。GB/T 713—2014 标准共列入 Q245R、Q345R、Q370R、Q420R、18MnMoNbR、13MnNiMoR、15CrMoR、14Cr1MoR、12Cr2Mo1R、12Cr2Mo1VR、12Cr1MoVR 和 07Cr2AlMoR 计 12 个牌号，钢板的平均 P、S 质量分数分别为不大于 0.020% 和 0.010%，钢板最大厚度为 250mm，平均冲击吸收能量为不小于 47J。

在低温压力容器用钢板标准方面，实施了两次修订，分别为 GB 3531—2008《低温压力容器用低合金钢钢板》、GB 3531—2014《低温压力容器用钢板》。GB 3531—2014 标准共列入 16MnDR、15MnNiDR、15MnNiNbDR、09MnNiDR、08Ni3DR 和 06Ni9DR 计 6 个牌号。钢板的平均 P、S 质量分数分别为不大于 0.015% 和 0.008%，钢板最大厚度为 120mm，平均冲击吸收能量为不小于 60J。其中，06Ni9DR 钢板的 P、S 质量分数分别为不大于 0.008% 和 0.004%，平均冲击吸收能量为不小于 100J。

在调质高强度钢板方面，起草并修订了 GB 19189—2003《压力容器用调质高强度钢板》、GB/T 19189—2011《压力容器用调质高强度钢板》。GB/T 19189—2011 标准共列入 07MnMoVR、07MnNiVDR、07MnNiMoDR 和 12MnNiVR 计 4 个牌号。钢板的平均冲击吸收能量为不小于 80J。

在不锈钢钢板方面，起草并修订了 GB/T 24511—2009《承压设备用不锈钢钢板及钢带》、GB/T 24511—2017《承压设备用不锈钢和耐热钢钢板和钢带》。GB/T 24511—2017 标准共列入了 33 个牌号，其中铁素体型牌号 3 个，奥氏体-铁素体型牌号 8 个，奥氏体型牌号 22 个。

目前，我国压力容器用钢标准的技术水平已高于美国 ASME 锅炉压力容器规范中材料的技术水平，达到或部分超过欧盟压力容器用材料标准 EN 10028 和国际标准化组织（ISO）压力容器材料标准 ISO 9328 的技术水平。

2.2.2 大型加氢反应器轻量化设计制造

加氢反应器是现代炼油、煤化工等过程工业中加氢裂化、加氢脱硫、渣油加氢等装置的核心设备，长期在高温（400~482℃）、高压（10~25MPa）和临氢环境等苛刻条件下服役，由于有氢气存在，一旦发生失效，往往导致火灾、爆炸等灾难性事故。因设备体积庞大、服役条件苛刻、设计要求高、加工制造难度大等，加氢反应器已被列入国家《重大技术装备自主创新指导目录（2012年版）》，是我国重点发展的重大技术装备，其设计制造是体现国家总体工业技术水平的重要标志之一。

自 20 世纪 60 年代开始，加氢反应器主要采用 454℃ 具有良好的抗氢腐蚀性能、力学性能与制造工艺性能的 2.25Cr-1Mo 钢。这种材料制成的锻焊加氢反应器在研制初期曾发现壳体材料回火脆化、不锈钢堆焊层氢致剥离及开裂等问题，但经多年大量研究和改进，这些问题均得到解决，一直使用至今，仍能满足生产安全要求。

近年来，随着原油品质的日益重质化和超重质化、重质油裂化和煤液化等新工艺的相继出现、装置和设备的逐步大型化，加氢反应器的介质环境、操作温度、操作条件变得更加苛刻，此时如果仍采用一般的 2.25Cr-1Mo 钢制造，势必会造成设备壁厚太大、单体重量过重、投资大幅度增加、制造安装和运输困难等问题，因此，国际上为解决大型加氢反应器的轻量化，适应重质油裂化、煤液化等新工艺，开始研制高温强度更高的抗氢钢。

Cr-Mo 钢的强度随着 Cr 含量的增加而提高，至 2.25Cr-1Mo 时最高，以后随 Cr 含量的增加反而降低，因此人们考虑以 2.25Cr-1Mo 与 3Cr-1Mo 为基添加 V 元素，以便提高高温强度。1981 年，日本新能源开发组织开始开发以 3Cr-1Mo 为基添加 V 元素的煤液化加氢反应器用钢，于 1986 年研制成功 3Cr-1Mo-1/4V-Ti-B 钢，并解决了相应厚壁环缝的埋弧焊技术，之后该钢种被美国 ASME 规范批准列入 "Code Case 1961"。1989 年，日本 JSW 第一次为加拿大 Husky oil 公司制造了 2 台设计温度为 454℃、重 755t 的 3Cr-1Mo-0.25V 钢制加氢反应器。考虑到 2.25Cr-1Mo 加钒钢的高温强度更高，美国金属性能协会（Metal Properties Council，MPC）于 1981 年开始研制以 2.25Cr-1Mo 为基的加钒钢 2.25Cr-1Mo-0.25V（以下简称为加钒钢），该钢种于 1990 年被美国 ASME 规范批准列入 "Code Case 2098"。但因当时美国、日本等国未能掌握加钒钢加氢反应器的制造工艺，对焊接材料选择、防止焊接冷裂纹、合适的热处理工艺以及防止焊接热影响区的持久强度低等问题缺乏研究，致使直到 1998 年才由日本神户制钢所生产出第 1 台壁厚为 126mm、重 220t 的加钒钢加氢反应器。加钒钢的设计许用应力强度比 2.25Cr-1Mo 钢高得多，采用加钒钢制造设计温度为 454℃ 的加氢反应器，可显著减轻反应器的重量，特别是 2007 年美国 ASME 规范进一步提高了加钒钢设计许用应力之后，这一特点促使人们更多考虑采用加钒钢制造炼油和煤化工用加氢反应器。

但是，由于加 V 后 2.25Cr-1Mo 钢中会产生碳化钒析出，在焊接与热处理时影响到钢的氢陷阱、氢扩散与应力松弛，而这些影响规律至今还未充分了解，致使在加钒钢容器制造时仍不断有开裂、硬度高、韧性低和持久强度低等问题发生，特别是 2007 年 ASME 规范提高了加钒钢的设计许用应力之后，这些问题变得更加突出。为此，2008 年，美国 MPC 召集了世界范围内的著名钢铁及容器制造企业，列出了控制再热裂纹、改善焊缝韧性等 15 个研究方向，组织开展研究，以解决轻量化过程中的关键技术难题，确保加钒钢加氢反应器的安全使用。加钒钢容器制造中存在的问题也受到了美国石油学会（American Petroleum Institute，API）的高度重视，在已颁布的 API 934 指导文件中，增列 934-B《V 改进钢厚壁压力容器制造依据》，2007 年又提出了 API 934-B（草案）投票表决稿。但该草案很不完善，还达不到保证加钒钢容器制造质量的目的。

随着过程工业装置的大型化、高参数化趋势日益主流，加氢反应器单台设备的重量越来越重，超千吨的设备越来越多。2007 年在中国神华能源股份有限公司完成现场制造的煤制油加氢反应器长 62m、外径 5.5m、壁厚 337mm、重量达 2050t；2008 年运往中石油广西石化的 1000 万 t/年炼油、220 万 t/年蜡油加氢裂化反应器单台运输重量达 1703t（包括裙座，不含内件重量）。我国有加钒钢加氢反应器制造能力的相关单位包括中国一重集团有限公司、中国二重集团有限公司、兰州兰石集团有限公司等，但由于缺乏前期技术积累，我国自主设计制造的加钒钢加氢反应器不时被发现设计制造阶段遗留的安全隐患，如 2008 年某煤化工企业加氢反应器运行不到一个月即发生爆炸，后来无损检测发现其他数台此类加氢反应器焊缝上都存在着再热裂纹，又如某炼油厂加氢反应器在首次检验时磁粉检查发现反应器外表面环焊缝侧熔合线附近存在着 1000mm 长左右的断续裂纹，这些缺陷给装置的长周期服役安全构成了严重威胁。

伴随国民经济的快速发展，我国对加氢反应器（单台重量上千吨）的建造需求随之增大，如不及时掌握加钒钢加氢反应器的设计制造关键技术，这些新建的重型压力容器，不仅将耗费大量钢材，而且制造质量也难以保证，甚至会威胁到这类重大装备的长周期服役安全。下面将从高品质材料制备、基于寿命的高温强度设计、避免冷裂纹和再热裂纹的焊接热处理工艺、在役检验与维护等方面对大型加氢反应器轻量化设计制造技术进行展开介绍。

▶ 1. 大型加氢反应器轻量化后失效模式与损伤机理的变化

加钒钢加氢反应器在高温、高压、临氢苛刻环境下服役，失效模式多，损伤机理复杂，整体风险为"高风险"。若要实现大型加氢反应器轻量化，则需要确定加钒钢加氢反应器轻量化后的失效模式和损伤机理变化，为合理提出有针对性的设计制造和检验维护措施、确保轻量化产品的建造质量和服役安全奠定基础。

例如，加钒钢焊缝金属通常表现出高硬度、低韧性特点，当厚壁焊缝中存在氢和较高的残余应力时，容易引起制造过程中产生由氢致开裂导致的冷裂纹。事实上，焊丝尤其是焊剂成分对加钒钢焊缝金属力学性能影响极大，即使是同一焊材厂生产的同一牌号焊材，也可能因为批号的不同而引起焊缝金属力学性能差异，进而导致开裂。同时，焊接时的预热处理、层间温度和是否保温到消氢处理（Dehydrogenation Heat Treatment，DHT）对焊缝金属力学性能也有较大影响。例如，层间温度过高会导致焊缝金属冲击吸收能量过低，曾有报道称加钒钢的冲击吸收能量最小值仅为5J。因此，需要研究焊丝、焊剂成分对焊缝金属显微组织和力学性能的影响，确定合适的焊接和热处理工艺，提出控制焊接质量的规范要求，才能有效防止焊接冷裂纹的形成。

再如，加钒钢焊接接头在中间消应力热处理或焊后热处理后容易在粗晶热影响区发生再热开裂，表现为沿晶开裂特征。在2007年年底至2008年上半年期间，欧洲出现的加氢反应器再热裂纹位于环焊缝、纵焊缝和封头焊缝等处，与焊缝表面的距离为10~40mm。这些再热裂纹有以多条裂纹形式存在的，也有以单条裂纹形式存在的，并与焊缝方向垂直。此外，再热裂纹通常较小，尺寸仅为几毫米，采用超声波衍射时差（Time Of Flight Diffraction，TOFD）方法检测时可能由于"盲区"问题而难以区分再热裂纹和平面夹杂。因此，需要研究再热裂纹生成机理和控制方法，并发展有效的无损检测方法，防止加钒钢加氢反应器中再热裂纹的出现。

表2-12列出了大型加氢反应器轻量化后失效模式与损伤机理的变化。需要指出的是，该表所列失效模式与损伤机理的变化，是基于采用加钒钢并合理提高许用应力这一前提；提高材料许用应力水平后，加钒钢加氢反应器失效模式和损伤机理的变化主要集中在机械损伤和环境开裂等方面，这是由于应力水平提高导致的。

表 2-12　大型加氢反应器轻量化后失效模式与损伤机理的变化

失效模式	主要损伤机理	轻量化后失效模式与损伤机理的变化	轻量化后设计制造与检验维护建议
机械损伤	脆性断裂	应力水平提高，脆性断裂可能性增加	1）需结构设计更合理，降低应力集中 2）对焊接、热处理和无损检测要求更高
	韧性断裂	应力水平提高，韧性断裂可能性增加	1）需结构设计更合理，降低应力集中 2）对焊接、热处理和无损检测要求更高
	持久断裂	应力水平提高，持久断裂可能性增加	1）需结构设计更合理，降低应力集中 2）对焊接、热处理和无损检测要求更高
	疲劳	应力水平提高，疲劳破坏可能性增加	1）需疲劳损伤评估与寿命评价 2）对焊接、热处理和无损检测要求更高 3）对装置运行平稳性要求更高
	蠕变	应力水平提高，蠕变破坏可能性增加	需结构设计更合理
制造缺陷	冷裂纹/再热裂纹	焊接与热处理工艺控制不当，产生冷裂纹/再热裂纹的可能性增加	控制焊材质量、焊接热处理工艺（焊前预热、中间消除应力和焊后热处理）
环境开裂	连多硫酸应力腐蚀开裂（停工期间）	应力水平提高，停工期间连多硫酸应力腐蚀开裂可能性增加	对开、停机工艺控制要求更高
	氯化物应力腐蚀开裂（停工期间）	应力水平提高，停工期间氯化物应力腐蚀开裂可能性增加	对开、停机工艺控制要求更高

≫ 2. 高品质材料制备

如前文所述，通过降低压力容器材料控制与设计、制造、检验各环节的不确定性，科学调整材料许用强度系数，减少设计冗余、降低容器壁厚，实现反应器轻量化。同时，开发强韧性相匹配的加钒钢，掌握其生产工艺控制方法，合理提高材料强度，也是实现轻量化的一种途径。

由于钢中 S 和 P 会导致偏析现象出现，在锻造时容易形成晶界网状组织，降低材料延性，进而产生锻造裂纹；在焊接时还会引起焊接冷裂纹。根据回火脆性敏感性系数的计算公式可知，P 元素还会增加回火脆性敏感性系数而引起回火脆性。因此，在技术条件中应要求严格控制 S 和 P 元素的含量，其质量分数应分别控制在低于 0.005% 和 0.008% 的水平。此外，技术条件还应对

H、O、N 等气体元素和 As、Sn、Sb 等有害杂质元素的含量做出相应限制，见表 2-13。

表 2-13 锻件杂质、气体元素的控制指标

杂质、气体元素	技术指标
S	≤0.005%
P	≤0.008%
As	≤0.0012%
Sn	≤0.010%
Sb	≤0.003%
H	$\leq 1.5 \times 10^{-4}$%
O	$\leq 30 \times 10^{-4}$%
N	$\leq 80 \times 10^{-4}$%
P+Sn	≤0.012%

中国一重集团有限公司、中国二重集团有限公司等企业开发的纯净化冶炼技术，可以有效控制加钒钢中的杂质元素含量，使回火脆性敏感性系数低于 80、vTr54$^{\ominus}$+3ΔvTr54$^{\ominus}$<-40℃，进而有效地控制回火脆化，同时也使加钒钢的高温持久强度更为稳定。通过化学成分与微观组织调控技术寻找材料强度与韧性的最佳匹配，并不断改进加钒钢生产工艺，使加钒钢中的 Cr 和 Mo 能与 C 形成稳定的碳化物，在充氢试验前后加钒钢的 R_m、$R_{p0.2}$、A_5 和 Z 等技术指标波动幅度小，可以实现氢腐蚀的有效预防。

针对大壁厚加钒钢锻件的淬透性极限问题，一方面可以采用微合金化技术，通过调整影响材料淬透性与淬硬性元素（如 C、Mn、Cr、Mo 等）的配比，优化锻件的综合力学性能；另一方面在调质淬火时采用新的淬火冷却方法，如旋转喷淋淬火技术可通过喷淋水破坏淬火时形成的表面气膜而增大冷却速率，保证锻件表面与内部组织具有良好的均匀一致性，解决锻件心部的组织、冲击吸收能量和强度不达标的难题。表 2-14 统计了某台广西石化渣油加氢反应器全部锻件（13 个Ⅳ级锻件、3 批Ⅲ级锻件）的常温拉伸和高温拉伸数据。可以看出，

⊖ vTr54 为经最小模拟焊后热处理后夏比冲击吸收能量为 54J 时对应的转变温度。

⊖ ΔvTr54 为经最小模拟焊后热处理加阶梯冷却后相对经最小模拟焊后热处理后夏比冲击吸收能量为 54J 时的转变温度增量。

这些锻件材料强度水平适中，且断面收缩率等材料韧性指标也很高，具有良好的综合力学性能。总体而言，目前我国加钒钢的纯净度、高温强度、冲击韧性等技术指标已达到或超过国外同类水平。

表 2-14　锻件拉伸性能数据（平均值）

取 样 位 置	热处理状态	常 温 拉 伸				454℃拉伸	
		R_{eL}/MPa	R_m/MPa	A（%）	Z（%）	R_{eL}/MPa	R_m/MPa
距表面 1.6mm	min. PWHT	529	641	23.4	77	435	494
$T/2$	max. PWHT	497	614	24.3	78.5	405	471

注：表中 T 为试样厚度。

▶ 3. 基于寿命的高温强度设计

蠕变及蠕变疲劳是高温压力容器的重要失效模式，与此相关的材料及结构高温强度是高温容器设计时必须考虑的关键问题，对保障其长周期安全运行至关重要。

就材料蠕变而言，它是指在高温和恒定载荷作用下材料发生缓慢的与时间相关的非弹性变形，其蠕变过程通常与多种缓慢的微观组织结构重排有关，包括位错运动、微观组织退化以及晶界蠕变空洞形核与长大。工程上一般认为工作温度达到或接近（0.3~0.5）T_m（T_m 为材料熔点）时即不能忽略蠕变对材料寿命的影响。如果结构不连续处（如压力容器接管处）的应力较大，则在结构局部区域可能产生较大的蠕变变形。因此，要严格控制高温压力容器在服役期间完全不产生蠕变变形是不可能的，通常的做法是在保证压力容器安全运行的前提下允许产生一定的蠕变变形量，这种变形量并不足以使结构产生蠕变破坏。所以，高温结构设计标准通常都基于控制最大蠕变变形量的原则来给出免于蠕变分析的温度值。例如，英国 BS 5500《非直接火烧焊接容器设计规范》以表格形式给出了设计时需要考虑材料蠕变的温度值，ASME 采用了美国压力容器研究委员会（Pressure Vessel Research Committee，PVRC）高温设计委员会提出的免于蠕变设计的温度方案。

英国高温结构完整性评定规程 R5 规定，对蠕变影响可忽略的条件是任何温度下总服役时间小于下述两个规定时间：①恒应变条件下初始应力为 $1.25\sigma_{0.2}^{T}$ 时产生 20% 应力松弛量所需时间；②恒应力条件下累积蠕变应变达到 0.03% 所需时间。英国 BS 7910《金属结构中缺陷验收评定方法导则》规定，如果服役温度或服役时间小于规定的温度或寿命值，则结构不需要进行蠕变评定；其中，规定温度值为结构运行期间在屈服应力下产生 0.2% 累积蠕变应变的温度，规定寿命值为恒定温度和屈服应力水平下达到 0.2% 累积蠕变应变的所需时间。ASME Code Case N47-29 规定，在设计温度和应力 $1.25\sigma_{0.2}^{T}$ 条件下服役期间内的累积蠕变应变不超过 0.2% 时，可以忽略蠕变的影响。

高温结构的蠕变应变量是温度、载荷和服役时间的函数，合理的免于蠕变分析判断条件应包含这三个因素。利用压力容器主体材料蠕变性能数据和合适的蠕变本构模型，可得到在一定温度条件下蠕变应变量与应力水平和服役时间的函数关系，再根据控制最大蠕变变形量的原则，即可确定高温压力容器的免于蠕变分析判断条件。若不能通过免于蠕变分析判断条件，则须对高温压力容器进行蠕变损伤分析。

随着计算机技术和有限元方法（Finite Element Method，FEM）的迅速发展，从 20 世纪 90 年代开始国际上许多学者将基于连续介质损伤力学（Continuum Damage Mechanics，CDM）的宏观唯象方法与美国 ANSYS、法国 ABAQUS 等有限元软件结合起来，实现对高温压力容器蠕变寿命的预测，并发展了多种蠕变损伤本构模型，以提高高温压力容器蠕变寿命的预测精度。考虑到目前开展全尺寸结构件的高温蠕变试验仍存在较大困难，因此，开展基于连续介质损伤力学的有限元数值模拟成为高温压力容器蠕变损伤及寿命预测的有效途径，其关键在于引入合适的蠕变损伤变量并构建相应的蠕变损伤本构模型。

高温压力容器除承受一定的静载荷作用之外，往往同时还承受一定的循环载荷作用，如频繁的起动和停机、温度波动以及厚壁容器内外壁温度梯度产生的热应力，这些载荷与静载荷叠加在一起，对高温结构造成疲劳损伤。因此，在高温强度设计时还需要考虑疲劳因素的影响。

此外，焊接接头广泛存在于高温压力容器中，因具有微观组织不均匀、力学性能不匹配、焊接缺陷难避免等特性，往往成为蠕变疲劳失效的薄弱环节。据英国健康与安全执行局（Health and Safety Executive，HSE）统计，70% 左右的高温焊接构件失效是由焊缝失效引起的。发达国家自 20 世纪 70 年代起，针对高温承压设备蠕变疲劳损伤评估开展了大量研究，但是受传统机械式引伸计测量应变的限制，焊接接头蠕变性能测试时只能获取焊接接头整体蠕变变形数据；尽管近年来出现了以压痕蠕变法、小冲杆法等为代表的新型蠕变测试方法，但考虑到试样尺寸效应影响，它们都难以真实反映焊接接头不同区域（尤其是细窄的焊接热影响区）的蠕变变形特性。由于焊缝各区域蠕变性能难于表征，尤其是常发生早期失效的焊接热影响区蠕变性能无法直接获取，所以引入焊缝强度减弱系数，建立了考虑蠕变疲劳裂纹萌生的高温强度设计方法，形成了美国

ASME BPVC、英国 R5 等标准规范。

自 2012 年以来，合肥通用院、华东理工大学等单位在国家 863 计划课题"超大型压力容器轻量化的可靠性设计制造研究"（2012AA040103）、国家重点研发计划课题"高参数承压设备设计制造风险防控关键技术研究"（2016YFC0801902）等支持下，开展了免于蠕变分析判定、基于数字图像相关（Digital Image Correlation，DIC）的高温蠕变变形原位表征、焊缝应变增强效应、蠕变疲劳损伤评估等研究，建立了高温压力容器焊接结构基于寿命的高温强度设计技术方法。

针对免于蠕变分析问题，通过开展加钒钢系列蠕变试验研究，基于最大蠕变变形控制准则和蠕变本构模型，构建了与设计温度、设计寿命、蠕变应变极限相关的免于蠕变分析判定图，提出了免于蠕变分析的高温结构特征应力限定条件。图 2-4 所示为加钒钢在 455℃条件下不同蠕变应变极限所对应的免于蠕变分析曲线，根据设计寿命需求和免于蠕变分析曲线即可确定出免于蠕变分析的特征应力值。图中右上角区域为蠕变断裂区，左下角区域为免于蠕变区，中间区域则为蠕变显著区。

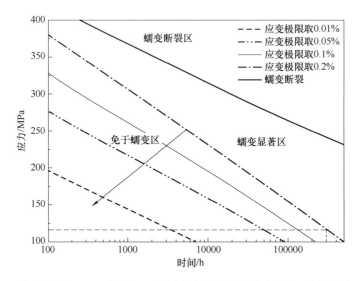

图 2-4　加钒钢在 455°C 条件下不同蠕变应变极限所对应的免于蠕变分析曲线

针对焊接结构非均匀蠕变变形表征和蠕变损伤评估问题，搭建了在真空环境下基于 DIC 技术的高温蠕变变形原位测量平台（图 2-5），通过开发具有高温长时耐久性的散斑制备工艺，解决了高温长时测试时的涂层易氧化脱落、热流扰动噪声引起图像畸变等技术难题，实现对全场蠕变变形的高精度、原位、实时测量，如图 2-6 所示；研究获得了母材、焊缝、热影响区蠕变应变时空演化与损伤局域化规律，开发焊接非均质结构蠕变变形原位表征技术和蠕变损伤有限元数值模拟程序，建立了高温焊接结构蠕变损伤评估方法。

图 2-5　基于 DIC 技术的高温蠕变变形原位测量平台

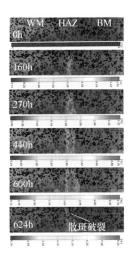

图 2-6　焊缝蠕变应变场

针对焊接结构蠕变疲劳损伤评估难题，研究了对接焊缝、角焊缝、T 形焊缝（全焊透、部分焊透等）三种焊缝应变集中效应规律，基于疲劳曲线和疲劳裂纹萌生寿命计算，提出了焊缝应变增强系数（Weld Strain Enhancement Factor，WSEF）计算方法。图 2-7 所示为焊接接头分类示意图。表 2-15 列出了加钒钢焊缝应变增强系数。针对蠕变疲劳、塑性垮塌等失效模式，在延性耗竭理论和线性累积损伤法则基础上，建立了焊接结构基于寿命的高温强度设计技术方法，其流程图如图 2-8 所示。

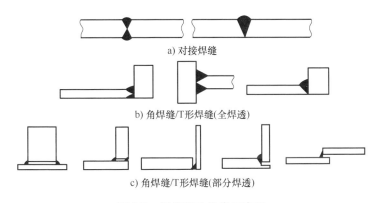

a) 对接焊缝

b) 角焊缝/T 形焊缝(全焊透)

c) 角焊缝/T 形焊缝(部分焊透)

图 2-7　焊接接头分类示意图

表 2-15　加钒钢焊缝应变增强系数

焊缝类型	修整焊缝	未修整焊缝
对接焊缝	1.54	1.54
角焊缝/T形焊缝（全焊透）	1.54	2.31
角焊缝/T形焊缝（部分焊透）	—	3.08

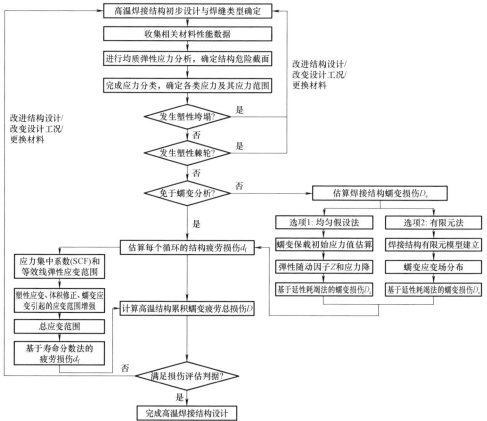

图 2-8　高温焊接结构强度设计方法流程图

▶ 4. 避免冷裂纹和再热裂纹的焊接热处理工艺

加钒钢 2.25Cr-1Mo-0.25V 属于低合金贝氏体钢，其碳当量较高，具有很大的淬硬倾向，导致焊接接头容易形成对冷裂纹敏感的显微组织。同时，在厚钢板焊接时拘束应力大，冷裂纹倾向较明显。为降低焊接残余应力、改善焊接接头的微观组织和力学性能，加氢反应器在焊接完成后进行热处理温度为 705℃、不少于 8h 的最终焊后热处理（Post Welding Heat Treatment，PWHT）。对于高拘束度焊接接头还需要增加 650℃、不少于 4h 的中间消应力处理（Intermediate Stress Relief，ISR）。然而，添加 V、Ti 等强碳化物形成元素，通常会增加加钒钢焊接接头的再热裂纹敏感性。2007 年年底至 2008 年上半年，欧洲众多反应器生产商遭遇了埋弧焊焊缝金属的再热开裂问题，超过 30 台反应器出现裂纹，造成交货延误、成本超支等诸多问题。国内也在设备制造和运行检验中多次发现再热裂纹，开裂位置则常发生在焊接接头的热影响区粗晶区（Coarse Grained Heat-Affected Zone，CGHAZ）部位，如图 2-9 所示。

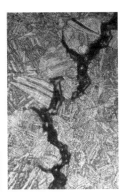

图 2-9　典型加钒钢反应器 CGHAZ 中的再热裂纹

2008—2009 年，国外针对焊缝金属的再热开裂问题联合开展了大量研究，最终发现焊剂中 Pb、Bi、Sb 等杂质元素含量的细微偏差是导致开裂的根本原因。2010 年，国际合作项目（Joint Industrial Program，JIP）立项，力图依据成分与高温塑性的关系制定一套针对焊丝/焊剂的再热裂纹敏感性筛选试验方法。2012 年，该方法通过投票表决并被作为附录 B 纳入 API RP 934-A 中。然而对于 CGHAZ 的再热裂纹，国内外均缺乏系统的研究工作。国内制造厂在产品研制阶段大多进行过斜 Y 形坡口再热裂纹试验，但试验条件单一，且极少出现开裂，与实际情况并不相符。为此，合肥通用院等研究机构开展了焊丝和焊剂成分控制、焊接工艺筛选、热处理工艺优化等方面的研究，掌握了加钒钢加氢反应器焊接冷裂纹与再热裂纹控制的焊接热处理工艺。

针对厚壁加氢反应器焊接冷裂纹问题，开展了斜 Y 形坡口焊接裂纹试验、焊接热影响区最高硬度试验、插销冷裂纹试验等研究，评价了加钒钢的焊接冷裂纹敏感性，分析了冷裂纹生成机理，提出了避免冷裂纹的焊接与热处理工艺。其中，斜 Y 形坡口焊接裂纹试验结果指出，加钒钢在室温、预热 50℃ 和 100℃ 条件下的表面裂纹率和断面裂纹率均为 100%，表明 CM-A106HD 焊条在上述预热温度下均有出现冷裂纹的倾向，有较强的焊接冷裂纹敏感性；只有在预热150℃以上时，才未出现裂纹。

插销冷裂纹试验结果指出，加钒钢在室温下的临界断裂应力约为330MPa，远低于其屈服强度529MPa，这说明该钢具有较大的焊接冷裂纹敏感性；而在预热温度150℃条件下，其临界断裂应力已达783MPa，这说明在实际焊接过程中预热150℃就基本可以避免产生焊接冷裂纹；而增加350℃×4h热处理后，其临界断裂应力已高达1044MPa，可以有效防止冷裂纹的产生。此外，插销试样的断口形貌分析结果表明，不预热试样的脆断特征比较明显，且伴有大量的二次裂纹；预热100℃的试样，仍然以解理断裂为主，也存在一定数量的二次裂纹；而预热150℃时，断口出现大量的微小韧窝。上述研究表明，在加氢反应器制造过程中，预热温度应在150℃以上才可能避免出现焊接冷裂纹，而增加350℃×4h热处理后，可进一步有效防止冷裂纹的产生。

针对我国加氢反应器存在的再热开裂问题，对目前常用的三种加钒钢焊接材料，分别来自日本神户制钢所（简称为日本神钢）、法国液化空气集团（简称为法液空）和奥地利伯乐焊接公司（简称为伯乐），进行了熔敷金属化学成分分析、焊接试板的 Gleeble 试验和高温缓慢拉伸试验，评价了焊材的再热裂纹敏感性，并建立了焊丝/焊剂质量评价与控制技术方法。研究结果表明，日本神钢、法液空和伯乐焊材的纯净度均较高，再热裂纹敏感性均较小，其中日本神钢焊材的再热裂纹敏感性稍低于其他两种焊材，如图2-10所示。

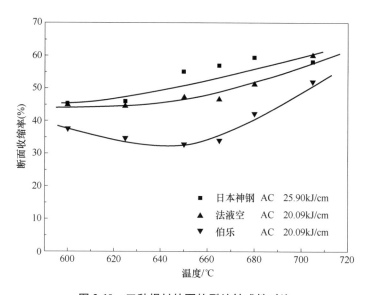

图 2-10　三种焊材的再热裂纹敏感性对比

基于 Gleeble 热模拟技术建立了加钒钢焊接热影响区粗晶区相似组织模拟、再热裂纹敏感性评定和再热裂纹再现方法；通过一系列热模拟试验，筛选出避免再热开裂的焊接和热处理工艺；通过微观组织分析，阐明了再热开裂过程中材料的显微组织演变规律，结合空洞的热激活形核理论，分析了杂质元素偏聚、晶内晶界碳化物析出对晶界空洞形核速率的影响，提出了再热开裂微观机理。研究结果表明，再热裂纹是由于空洞形核、长大、相互连接而导致的高温失延裂纹；焊接热循环过程伴随着碳化物的溶解，再热开裂过程伴随着碳化物在原奥氏体晶内及晶界的重新析出；根据空洞形核的热激活理论计算，晶界和晶内的碳化物析出将显著提高空洞形核速率，杂质元素在晶界偏聚也促进空洞形核，但其影响并不明显；在焊后热处理温度下，晶内和晶界碳化物析出是导致焊接 CGHAZ 的蠕变塑性劣化的主要原因，也是导致 2.25Cr-1Mo-0.25V 钢再热开裂的微观机理。由于 CGHAZ 在 675℃附近具有最低的断面收缩率，对应着再热开裂的最敏感温度，因此，建议中间消应力热处理温度为 650℃±14℃、焊后热处理温度为 705℃±14℃，以避开再热裂纹敏感温度进行焊后热处理，降低再热开裂倾向。

在此基础上，制作了 400mm 厚的加钒钢模拟锻环，其制造工艺流程如图 2-11 所示，图 2-12 所示为模拟锻环的焊接；开展了焊接接头化学成分、硬度、金相组织分析和室温拉伸、高温拉伸、低温夏比冲击、回火脆化倾向、弯曲等测试，结果表明焊接接头的各项性能指标均良好。

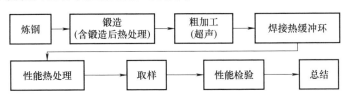

图 2-11　400mm 厚加钒钢模拟锻环制造工艺流程

图 2-12　模拟锻环的焊接

▶ 5. 大型加氢反应器的在役检验与维护

（1）大型加氢反应器基于风险的检验与维护策略　为确保大型加氢反应器长周期安全运行，依据加氢反应器的失效模式和损伤机理，研究制订了基于风险的检验与维护策略，见表 2-16。同时在进行无损检测时，应注意的检测部位及检测比例如下。

表 2-16　加氢反应器基于风险的检验与维护策略

失效模式	主要损伤机理	需重点检验部位	检验与维护策略				
			宏观检查	测厚	磁粉/渗透	超声/射线	金相/硬度
机械损伤	脆性断裂	接管凸缘、错边量较大处、存在焊缝缺陷处等	√			√	
	韧性断裂	所有承压部件	√				
	持久断裂	反应器基材、焊接接头	√				
	蠕变	反应器基材、焊接接头	√	√	√	√	
	氢致剥离	基材与堆焊层结合面	√		√	√	
	疲劳	接管、堆焊层	√		√	√	
环境开裂	连多硫酸应力腐蚀开裂	反应器底部	√		√		
	氯化物应力腐蚀开裂	易积水部位			√		
腐蚀减薄	高温 H_2S/H_2 腐蚀	堆焊层	√	√			
材质劣化	回火脆化	反应器基材、焊接接头、内部凸台等结构不连续处、高应力集中处					√
	σ 相脆化	堆焊层（热处理期间）					√
	珠光体球化	反应器基材、焊接接头					√
	高温氢损伤（HTHA）	反应器基材、焊接接头			√	√	√
	氢脆	反应器基材、焊接接头				√	
制造缺陷	再热裂纹	反应器基材、焊接接头	√		√	√	
	堆焊层开裂	堆焊层	√		√		
外表面裂纹	保温层破坏、存在高应力集中或高残余应力	保温材料破损处、焊接接头或有焊补处	√		√		
承压螺栓裂纹	螺栓载荷不均并长期使用后疲劳	螺纹根部	√		√		

1）磁粉检测（Magnetic-particle Testing，MT）要求。反应器外表面主体焊缝 50%，应包括上下封头与筒体相连焊缝；反应器下筒体（封头）与裙座连接焊缝外表面 100%；人孔高压螺栓；反应器接管（包括人孔接管）与壳体的连接焊缝 100%；反应器上下弯管焊缝外表面 100%。

2）渗透检测（Penetrant Testing，PT）要求。上、下封头内壁堆焊层 50%；筒体内壁堆焊层 20%，应包括与上、下封头和筒体相连焊缝及筒体环缝相对应的堆焊部位；人孔及人孔盖堆焊层，人孔、接管法兰密封槽及金属密封垫 100%；反应器凸台堆焊层上下 500mm 范围内 100%；堆焊层有补焊部位及手工堆焊部位 100%；冷氢口等所有管口周围内壁堆焊层 300~500mm 直径范围内；热电偶托架与堆焊层角焊缝及热偶套管 100%。

3）超声检测（Ultrasonic Testing，UT）要求。对于焊缝、凸台和主螺栓进行超声检测，反应器主体焊缝 50%；反应器筒体与裙座连接焊缝 100%；反应器凸台 50%；高压主螺栓 100%；制造过程中焊缝返修部位，使用过程中超温部位。对于堆焊层缺陷、堆焊层剥离及层下裂纹进行超声检测，反应器上、下封头 100%；反应器 A 类、B 类焊缝 50%，两侧各 500mm 范围内；反应器凸台 50%，上下各 500mm 范围内；冷氢口周围 500mm 范围内；堆焊层补焊部位。

（2）大型加氢反应器的检验周期　TSG 21—2016《固定式压力容器安全技术监察规程》第 8.1.6.1 节规定：

金属压力容器一般于投用后 3 年内进行首次定期检验。以后的检验周期由检验机构根据压力容器的安全状况等级，按照以下要求确定。

① 安全状况等级为 1 级、2 级的，一般每 6 年检验一次。

② 安全状况等级为 3 级的，一般每 3 年至 6 年检验一次。

③ 安全状况等级为 4 级的，监控使用，其检验周期由检验机构确定，累计监控使用时间不得超过 3 年，在监控使用期间，使用单位应当采取有效的监控措施。

④ 安全状况等级为 5 级的，应当对缺陷进行处理，否则不得继续使用。

TSG 21—2016《固定式压力容器安全技术监察规程》第 8.1.7.2 节规定：

安全状况等级为 1 级、2 级的金属压力容器，符合下列条件之一的，定期检验周期可以适当延长。

① 介质腐蚀速率每年低于 0.1mm、有可靠的耐腐蚀金属衬里或者热喷涂金属涂层的压力容器，通过 1 次至 2 次定期检验，确认腐蚀轻微或者衬里完好的，其检验周期最长可以延长至 12 年。

② 装有触媒的反应容器以及装有填料的压力容器，其检验周期根据设计图样和实际使用情况，由使用单位和检验机构协商确定（必要时征求设计单位的意见）。

TSG 21—2016《固定式压力容器安全技术监察规程》第 8.10.3 节规定：

实施 RBI 的压力容器，可以采用以下方法确定其检验周期。

① 参照本规程 8.1.6.1 的规定确定压力容器的检验周期，根据压力容器风险水平延长或者缩短检验周期，但最长不得超过 9 年。

② 以压力容器的剩余使用年限为依据，检验周期最长不超过压力容器剩余使用年限的一半，并且不得超过 9 年。

由于加氢反应器设计制造与在役检验中采用了基于风险的设计（Risk-based Design，RBD）、基于风险的检验（RBI）技术，首检安全状况等级一般不低于 2 级，具有可靠的耐腐蚀金属衬里，且一般首检时衬里完好，因此加氢反应器除首检外最长不停机检验时间可达到 9 年。

》 6. 大型加氢反应器的轻量化产品应用

在掌握上述关键技术研究基础上，我国已研制出轻量化加钒钢大型加氢反应器，最高设计温度为 454℃，最高设计压力为 21.6MPa，最大直径为 5500mm，相关产品在广西石化、广东石化、云南石化、华北石化等大型炼油与煤化工企业均有应用。大型加氢反应器轻量化产品如图 2-13 所示。

图 2-13　大型加氢反应器轻量化产品

》 2.2.3　大型乙烯球罐轻量化设计制造

乙烯是重要的化工原料，其储存方式主要有常压冷储和带压冷储两种。常压冷储即通过制冷系统将乙烯温度保持在-104℃左右，存储于大型低温储罐内，一般容积在 10000m³ 以上；储罐结构通常为双层罐，中间填充保冷材料，为便于制造常设计成立式拱顶储罐形状。带压冷储多采用低温球罐。随着我国乙烯装置不断向大型化、高参数化方向发展，大型低温乙烯球罐同样面临着操作压力高、操作温度低、需设置可靠保冷结构等新的技术挑战，对设计、选材、建造均提出较高要求，是建造难度巨大的球罐类型之一。

1. 大型乙烯球罐轻量化背景

2003年前，在我国运行的乙烯球罐主要分布在中石化和中石油两大集团，容积最大的为2000m³。现有乙烯球罐的建造方式主要分三种情况：一是国外设计和制造球片、国内安装的方式；二是采用进口材料，国内设计、制造、安装的方式；三是设计、材料、制造、安装均采用国内技术，即完全国产化方式。我国早期乙烯球罐壳体所用材料主要有日本490MPa级调质低温高强度钢（如川崎制铁公司的REVER ACE 610L、新日本制铁公司的N-TUF490、日本钢管的JFE-HITEN610U2L等）、欧美345～415MPa级正火低温钢（如法国的CREUSELSO 34SS、美国的SA-537 CL1和SA-537 CL2等）、法国的标准屈服强度550MPa级9%Ni钢和国产490MPa级低焊接裂纹敏感性高强度钢07MnNiCrMoVDR（-40℃用钢）及其他国产低温钢等几大类。随着乙烯工艺和球罐安全性要求的提高，乙烯球罐设计温度普遍采用-45℃，因此需要采用冲击试验温度为-50℃的低温高强度钢板。为解决我国大型低温乙烯球罐自主创新能力不强、产品寿命短、可靠性差等问题，合肥通用院等单位在相关科技攻关项目支持下，通过开展失效模式与机理识别、材料许用强度系数调整对大型低温球罐寿命与可靠性的影响规律进行研究，攻克了调质高强度钢的开发与性能评价、焊接冷裂纹与再热裂纹敏感性评价、焊接与热处理工艺筛选优化等关键技术，建立了大型低温乙烯球罐基于风险与寿命的轻量化设计制造技术方法，研制出低温-50℃的07MnNiMoVDR钢制2000～3000m³大型低温乙烯球罐，节材20%以上。

2. 大型乙烯球罐调质高强度钢板和锻件开发

低合金高强度钢具有高性能、低成本的优势。在球罐等重型压力容器设计中合理采用低合金钢可有效减薄设备主体壁厚，降低钢板用量，具有显著的经济和社会效益。在较高强度低合金钢的开发及应用过程中，往往会伴随着一些问题，如07MnCrMoVR和07MnNiCrMoVDR，焊接工艺要求苛刻，焊后不进行热处理会产生冷裂纹，热处理工艺控制不当又会引发再热裂纹，腐蚀环境中容易发生应力腐蚀开裂等。例如：某石化企业1998年建造的6台2000m³液化石油气球罐，首次开罐检验时发现大量冷裂纹，如图2-14所示；某炼化企业1999年建造的2台2000m³丙烯球罐，首次开罐检验时发现裂纹，经返修及热处理后又引发再热裂纹问题，如图 2-15 所示。如何合理控制母材化学成分、制订轧制（锻造）和焊接工艺，在提高材料强度的同时，保证母材和焊接接头的韧性；如何合理优化焊接和热处理工艺，在避免焊接冷裂纹的同时，不引发再热裂纹；如何提高高强度钢及焊接接头对介质环境的适应性，降低应力腐蚀敏感性，是成功应用低合金高强度钢的关键。

a) 渣　　　　　　　b) 纵向裂纹　　　　　c) 横向裂纹

图 2-14　低合金高强度钢球罐冷裂纹

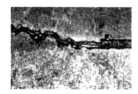

a) 宏观照片　　　　b) 复膜微观照片(50×)　　c) 复膜微观照片(100×)

图 2-15　低合金高强度钢球罐再热裂纹

一是严格控制母材杂质含量，开发大型乙烯球罐用高性能钢板及配套锻件。合肥通用院与宝钢集团有限公司、无锡市法兰锻造有限公司合作，通过合理控制钢材中的 S、P 含量（见表 2-17、表 2-18），优化轧制（锻造）和热处理工艺，开发-50℃低温乙烯球罐用调质高强度钢板（07MnNiMoVDR）及配套锻件（10Ni3MoVD），07MnNiMoVDR 钢板采用低碳、低磷当量的微量合金化技术和离线淬火+离线回火工艺生产，从而获得细小的贝氏体组织，以保证高强度和低温韧性，同时还具有较低的无塑性转变温度，在强度提高的同时使其满足-50℃低温韧性要求。开发的国产低温乙烯球罐用 07MnNiMoVDR 调质高强度钢板的屈服强度为 560~600MPa，抗拉强度为 650~680MPa，钢板芯部的无塑性转变温度与表层取样的无塑性转变温度基本相当；研制的 10Ni3MoVD 锻件的屈服强度为 495~520MPa，抗拉强度为 605~635MPa，锻件表层的无塑性转变温度约为-75℃，实现了全厚度高强度与高韧性匹配。

表 2-17　07MnNiMoVDR 钢板化学成分技术要求

元素	化学成分（质量分数,%）									焊接敏感性 P_{cm}
	C	Si	Mn	P	S	Ni	Cr	Mo	V	
数值	≤0.09	0.15~0.40	1.20~1.60	≤0.012	≤0.005	0.25~0.60	≤0.30	0.10~0.30	0.02~0.06	≤0.21

表 2-18　10Ni3MoVD 锻件化学成分技术要求

元素	化学成分（质量分数,%）									
	C	Si	Mn	P	S	Ni	Cr	Mo	V	Cu
数值	0.08~0.12	0.15~0.25	0.70~0.90	≤0.015	≤0.010	2.5~3.0	≤0.30	0.20~0.30	0.02~0.06	≤0.25

二是开发焊接热处理工艺，避免焊接冷裂纹和再热裂纹。为提升大型乙烯球罐用国产 07MnNiMoVDR 钢板和 10Ni3MoVD 锻件的焊接性，国内开展了大量焊接冷裂纹敏感性、焊接再热裂纹敏感性验证试验，获得了合理的应力消除热处理工艺，为我国自主掌握大型乙烯球罐建造技术打下了坚实基础。应用国产 J607RHA 焊条和日本 LB-65L 焊条施焊，进行了焊接冷裂纹、再热裂纹、不同焊接热输入、不同焊后热处理温度、三次焊后热处理、三次返修以及焊接工艺评定试验，结果表明：

① 07MnNiMoVDR 钢板和 10Ni3MoVD 锻件具有良好的抗冷裂纹性能，预热 75℃以上焊接时，一般不会出现焊接冷裂纹。

② 进口焊条的焊接热输入适用范围较宽（15.0~42.0kJ/cm），国产焊条的焊接热输入适用范围较窄（15.0~35.0kJ/cm）。焊缝最多能经受三次返修，以保证焊接接头的冲击韧性。

③ 560~620℃焊后热处理虽然可以降低焊接残余应力、改善焊缝和热影响区的冲击韧性，但 10Ni3MoVD 锻件在 600℃具有一定的再热裂纹倾向，焊后热处理时需避开该敏感温度。

通过上述研究，有效解决了 07MnNiMoVDR 低合金高强度钢板的强度与韧性匹配、焊接冷裂纹与再热裂纹控制技术难题。

》 3. 大型乙烯球罐的轻量化设计及应用

大型乙烯球罐的轻量化设计需要关注球罐整体结构型式、支撑结构设计和开孔补强设计。整体结构型式直接影响板材利用率、焊缝总长度，合理的球罐结构型式可以有效节约建造成本，并提升球罐制造和安装质量及投用后的安全可靠性。对于 1000m³ 以上的大中球罐一般都选择混合式结构，对于 2000m³ 大型乙烯球罐结构设计还需基于混合式结构分带数和分带角进行型式优化。支撑结构设计的原则在于要有利于支柱底部与球壳连接处的焊接作业质量，避免造成设备结构强度和刚度削弱、大尺寸角焊缝焊接裂纹等问题。图 2-16 和图 2-17 所示为典型球罐的总体结构和支柱结构。

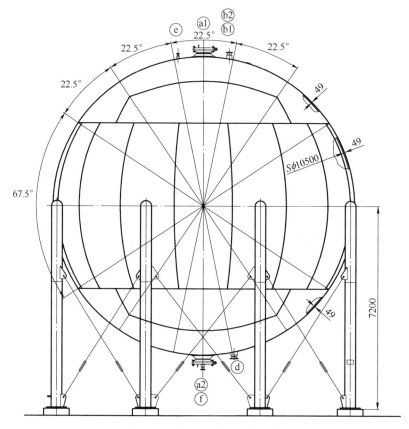

图 2-16　典型球罐的总体结构

我国研制出的首批 07MnNiMoVDR 钢制 2000m³ 大型低温球罐在天津石化成功应用，并得到了陆续推广。据不完全统计，我国自主研发的大型乙烯球罐技术成果已成功应用于 40 多台乙烯、丙烯、LPG 等球罐建设项目中，受到石油化工、煤化工企业的普遍欢迎。对于 2000m³ 低温乙烯球罐，在相同的设计温度、设计压力等要求前提下，通过降低安全系数、运用调质高强度钢材料两个轻量化技术措施，可使球罐重量由 408t 降低至 327t，与 15MnNiNbDR 相比，节省钢材用量 19.8%左右，节材效果显著，见表 2-19。

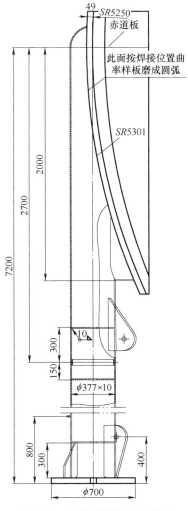

图 2-17　典型球罐的支柱结构

表 2-19　2000m³低温乙烯球罐轻量化前后的主要参数对比

项　目	轻量化前参数	轻量化后参数
球壳板材质	15MnNiNbDR	07MnNiMoVDR
锻件材料	08MnNiMoVD	10Ni3MoVD
设计温度	−50℃	−50℃
设计压力	2.4MPa	2.4MPa
球板厚度	59mm	46mm
球罐直径	15700mm	15700mm
球罐重量	408t	327t
同比节材	19.8%	

2.3 换热器的协同设计技术

换热器是流程工业实现热量传输与交换的通用设备，其在石油化工装置的建设投资中占比超过 30%。近年来，伴随着炼油、炼化一体化、煤化工、天然气等工业发展，装置大型化正成为一个发展趋势；如何实现换热设备的大型、高效与安全的系统设计是换热器绿色制造重点关注的问题。换热器的绿色制造主要体现在流程换热效率的提高、制造和运行过程能源消耗的降低两个方面。从提高换热器效率而言，一种是创新换热器整体结构，颠覆换热应用模式以实现换热效率提高，另一种是针对既有结构采用强化传热技术以实现传热性能的提升；从降低消耗而言，需要在不影响其功能性和安全性的前提下，减轻材料的重量。本节从强化传热和换热器协同设计两方面，结合典型案例介绍换热器的绿色制造技术。

▷ 2.3.1 强化传热带来的轻量化

根据是否消耗外加动力，强化传热技术可分为主动（有源）技术和被动（无源）技术。主动技术需要利用外部能量输入，主要有机械搅动、表面振动、流体振动、电磁场、喷射、撞击等；被动技术无须借助外部动力，主要依靠对换热管施加处理表面、粗糙表面、扩展表面、扰流元件、涡流发生器、旋流技术、微通道技术等相关措施。目前，主动强化传热技术仅在小范围市场采用，学术界和行业界的主要工作集中在被动强化传热技术的研究。由于换热管是换热器最基本的传热单元，因此通常也将换热管称为传热元件。以锯齿形翅片管、烧结管和扭曲管（Twisted-tube）为代表的强化传热元件应用，有效助力换热器设计制造的绿色与轻量化实现。各种强化传热元件，如图 2-18 所示。

图 2-18 各种强化传热元件

⫸ **1. 锯齿形翅片管**

锯齿形翅片管是对具有类似连续锯齿形状表面特征的换热管的通称。最具有代表性的锯齿形翅片管是日本日立公司发明的 Thermoexcel-C 型（图 2-19）和 Thermoexcel-E 型（图 2-20）换热管。该强化传热元件最初是为了实现制冷、空调设备系统的绿色设计与制造。研究者基于不同的制冷剂方案，通过强化相变换热技术的应用，开展了从光滑管、低翅管到各种类型高效换热管的传热对比研究，进而开发出高性能的冷凝器和蒸发器。

图 2-19 用于冷凝换热的 **Thermoexcel-C** 型高效换热管

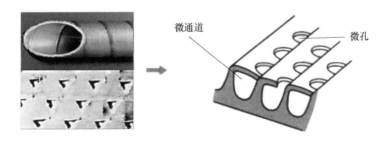

图 2-20 用于沸腾换热的 **Thermoexcel-E** 型高效换热管

（1）锯齿形翅片管的强化机理与性能分析　在各种换热方式中，以伴随有流体相变的沸腾和冷凝换热方式较为复杂。沸腾换热强化传热的机理可归结为产生于换热管表面的气泡所引起周围流体的湍流传热，其中，气泡成核是气泡形成的关键。研究发现，光滑表面不同位置上气泡成核具有偶然性，但在传热表面划痕和凹坑处成核的概率明显加大，因此强化沸腾换热的主要措施是构建粗糙传热表面。Thermoexcel-E 型管设计的要点就在于营造一个有效间距为 $0.1 \sim 0.8\text{mm}$ 的微通道，当传热表面温度高于液体的饱和温度时，微通道内的液体过热进而易于产生气泡。一旦气泡生成，将稳定地保持在微通道内，随后气泡长大并从微通道顶部的微孔中不断逸出。对于冷凝换热工况，当蒸汽温度降至饱和温度时气体开始冷凝，并在换热管表面形成一层液膜。根据传热表面性质不同，可以形成滴状冷凝和膜状冷凝两种冷凝模式，通常前者比后者的传热效率高 2~20 倍，因而便产生了更有利于形成滴状冷凝的 Thermoexcel-C 型管，其在增大换热面积的同时具有锯齿状表面，实现液珠滴落效果，使其换热能力接近滴状冷凝。光滑管、低翅管和 Thermoexcel-C 型管在液珠形成及滴落过程中的冷凝强化传热机理示意图，如图 2-21 所示；光滑管、低翅管和 Thermoexcel-E 型管在气泡生成及上升过程中的沸腾强化传热机理示意图，如图 2-22 所示。

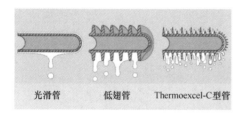

图 2-21　冷凝强化传热机理示意图　　　图 2-22　沸腾强化传热机理示意图

韩国仁荷大学 Dongsoo Jung 等人利用四种制冷剂对几种不同型式换热管的沸腾和冷凝传热性能进行了测试研究。表 2-20 列出了不同热流率下四种制冷剂管外沸腾传热系数的测量值。以光滑管为对比基数，低翅管的沸腾传热强化比率为 1.09~1.68，Turbo-B 管的沸腾传热强化比率为 1.77~5.41，Thermoexcel-E 管的沸腾传热强化比率为 1.64~8.77。对于低压制冷剂，激发沸腾所需的气泡数量和过热度较大，而 Thermoexcel-E 管带有通道和空穴的强化表面有助于降低过热度和提高气泡产生频率，因此其作用就变得更加明显。

在传热元件冷凝性能研究方面，对于 CFC11 制冷剂，低翅管和 Turbo-C 管下的冷凝传热系数与光滑管的冷凝传热系数之比分别为 5.1~5.3 和 7.4~7.6；对于 HCFC123 制冷剂，低翅管和 Turbo-C 管下的冷凝传热系数与光滑管的冷凝传热系数之比分别是 5.2~5.8 和 6.9~7.6；对于 CFC12 制冷剂，低翅管和 Turbo-C 管下的冷凝传热系数与光滑管的冷凝传热系数之比分别为 6.0~6.3 和 8.1~8.8；对于 HFC134a 制冷剂，低翅管和 Turbo-C 管下的冷凝传热系数与光滑管的冷凝传热系数之比分别是 4.9~5.1 和 7.6~8.1，如图 2-23 和图 2-24 所示。低翅管和 Turbo-C 管的截面图如图 2-25 所示。从冷凝液膜的生成和脱落形态来说，光滑管冷凝液是间断地从换热管表面脱落；低翅管冷凝液柱形成于翅片间的换热管底部，在一定距离内呈规则状排列；对于 Turbo-C 管，冷凝液滴在换热管上部翅片凹陷处形成并快速向下流动，在换热管底部形成更多的冷凝液柱。另外，Turbo-C 管形成的液柱排列不规则，可出现在换热管底部的任何位置，且脱落更加有效。由于液膜及时脱落可以有效减小液膜厚度，大幅降低冷凝传热的传热热阻，这就解释了 Turbo-C 管何以冷凝传热系数最高。

表 2-20　不同热流率下四种制冷剂管外沸腾传热系数的测量值

［单位：W/（m² · K）］

管　型	制　冷　剂	热流率/（kW/m²）							
		10	20	30	40	50	60	70	80
光滑管	HCFC22	2738	4308	5636	6864	8045	9184	10331	11570
	HFC32	3987	6747	8711	10585	12140	13791	15080	16427
	HFC125	4465	6927	8680	10131	11315	12393	13465	14659
	HFC134a	2218	3555	4739	5790	6744	7785	8547	9505
低翅管	HCFC22	4587	6596	8047	9266	10377	11369	12387	13288
	HFC32	5603	8752	11031	12954	14459	15865	17059	18274
	HFC125	4943	7528	9816	11654	13292	14970	16405	17749
	HFC134a	3460	5562	7110	8377	9301	10188	11128	12046
Turbo-B 管	HCFC22	14822	17518	19199	20466	21573	22438	23129	23729
	HFC32	20123	24606	26204	28465	29879	31447	32845	34219
	HFC125	11902	15340	17603	19619	21374	23016	24660	25963
	HFC134a	10060	14483	17101	18944	20252	21372	22202	23046
Thermoexcel-E 管	HCFC22	21219	24544	26238	27166	27238	27131	26843	26339
	HFC32	25743	31710	32652	32925	33069	33202	33392	34005
	HFC125	16082	19841	21896	22994	23811	24224	24316	24056
	HFC134a	19442	22921	24695	25204	25378	25136	24823	24330

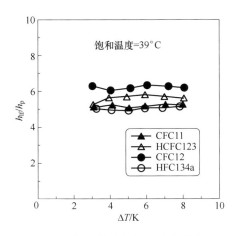

图 2-23　低翅管冷凝传热系数强化比

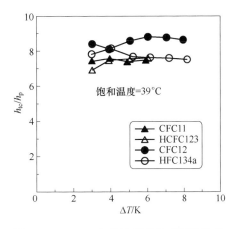

图 2-24　Turbo-C 管冷凝传热系数强化比

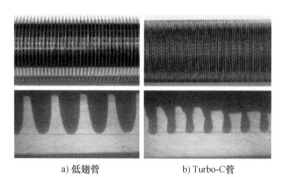

a) 低翅管   b) Turbo-C 管

图 2-25　低翅管和 Turbo-C 管的截面图

在液化天然气利用领域，强化传热元件技术也得到了充分的发展。德国 Wieland 公司和法国 Technip 公司协作开发了应用于天然气液化循环的高效传热元件。目前天然气液化工艺中使用比例最高的是带丙烷预冷的混合冷剂流程（简称为 AP-C3MRTM）。在该液化工艺流程（图 2-26）中，首先通过丙烷预冷循环将天然气冷却到 -35℃，再通过液化循环将天然气从 -35℃ 最终冷却至 -160℃。丙烷预冷循环中的换热器有两种：第一种是丙烷蒸发器，每一个蒸发器单元由 3~4 台串联的釜式再沸器构成，并通过丙烷蒸发吸收天然气（又称为原料气）和液化循环中混合冷剂冷凝的热量；第二种是丙烷冷凝器，利用冷却介质将高压下丙烷冷凝放出的热量带走。在优化的康菲级联式液化工艺流程（图 2-27）中，丙烷蒸发器的作用更为突出。对于一个温带地区的 500 万吨级液化工厂，这两种换热器的热负荷高达 250MW。Wieland 公司和 Technip 公司联合开发的 GEWA-PB 型、GEWA-KS 型高效管（图 2-28）为轻烃纯物质管外沸腾和管外冷凝提供了良好的解决方案，并在过去十年的许多项目中得到应用（见表 2-21）。

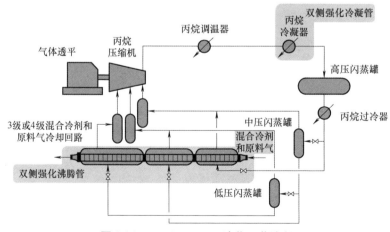

图 2-26　AP-C3MRTM 液化工艺流程

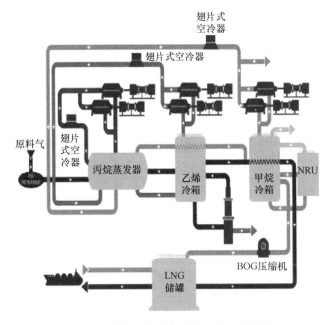

图 2-27　优化的康菲级联式液化工艺流程

图 2-28　双面强化的沸腾和冷凝换热管

表 2-21　高效管的应用场合一览表

用 户 企 业	应 用 时 间	具 体 应 用	工 厂 类 型	换热器数量	换热管类型
QGⅣ-QP/Shell	2010 年	丙烷冷却器	LNG	8	GEWA-PB
		丙烷冷凝器	LNG	2	GEWA-KS
QGⅢ-QP / ConocoPhillips	2010 年	丙烷冷却器	LNG	8	GEWA-PB
		丙烷冷凝器	LNG	2	GEWA-KS

（续）

用户企业	应用时间	具体应用	工厂类型	换热器数量	换热管类型
QGⅡ-QP/ ExxonMobil/Total	2009 年	丙烷冷却器	LNG	16	GEWA-PB
		丙烷冷凝器	LNG	4	GEWA-KS
RGⅢ-QP/ ExxonMobil	2009 年	丙烷冷却器	LNG	16	GEWA-PB
		丙烷冷凝器	LNG	4	GEWA-KS
Yansab	2009 年	脱丙烷冷凝器	乙烯	1	GEWA-PB
		脱乙烷冷凝器	乙烯	1	GEWA-PB
JAM Petrochemical	2007 年	脱乙烷冷凝器	乙烯	1	GEWA-PB
		脱丙烷冷凝器	乙烯	1	GEWA-PB
QGⅠ-QP/Total ExxonMobil	2005 年	丙烷冷却器	LNG	1	GEWA-PB
	2004 年	丙烷冷却器	LNG	1	GEWA-PB
	2003 年	丙烷冷却器	LNG	1	GEWA-PB
Borealis Polymers/ Neste Jacobs	2002 年	乙烯再沸器	乙烯	1	GEWA-PB
Lyondell-Basell	2000 年	丙烷分离再沸器	乙烯	1	GEWA-PB

针对包括 GEWA 型换热管在内的多种传热元件，芬兰学者 N. E. Fagerholm 等人开展了基于管外沸腾工况的强化传热对比研究，通过对比联合碳化物公司的高通量管、Wieland 公司的 GEWA-T 管和日立公司的 Thermoexcel-E 管及 Thermoexcel-EC 管（规格见表 2-22）的流动情况，显示在低热流率下所有强化表面换热管均进入了核态沸腾模式。GEWA-PB 管作为 GEWA-T 管的改进管型应用于丙烷预冷流程。当丙烷在壳侧沸腾时，GEWA-PB 管的沸腾传热系数可达普通光滑管的 2~3 倍；当丙烷在管侧经历单相到两相的流动换热工况下，管侧传热系数增强因子从 1.6 到 2.4 不等。尽管后者带来了管侧压降增大的问题，但通常不会超过传热能力相应的提高幅度，换热器的综合传热性能得到了提升。GEWA-PB 管的主要优点在于，当传热温差低至 2℃ 时仍具有良好的传热性能，而此时普通光滑管和低翅管都不再适合。

表 2-22　传热元件的规格

管　型	管外径/mm	管内径/mm	翅厚/mm	孔穴尺寸/mm	备　　注
光滑管	25	22	—	—	—
喷砂管	25	22	—	—	砂粒尺寸为 0.8~1.2mm
Thermoexcel-E 管	18.3	15.8	≈0.5	≈0.1	孔穴形状为三角形

（续）

管　　型	管外径/mm	管内径/mm	翅厚/mm	孔穴尺寸/mm	备　　注
Thermoexcel-EC 管	18.3	15.8	≈0.5	≈0.1	管外带有螺旋沟槽，内部有相应的螺旋突起
GEWA-T 管	18.7	15.0	≈1.1	0.2~0.3	—
高通量管	18.7	16.3	0.13~0.3	—	表面氧化、有划痕

（2）锯齿形翅片管的绿色制造及工程应用　采用适合的高效传热元件有助于降低换热器的传热面积，从而实现换热器的轻量化。这不仅体现在换热器的性能提升上，锯齿形翅片管自身制造过程对环境的破坏也很小。无论是蒸发管还是冷凝管，都属于无屑加工，而且均能够实现在自动生产线上进行大批量生产（每分钟可以轧制 2m 长左右）。同时，为了减少使用过程中折流板孔对翅片部分的磨损，可以在换热管的任意位置保留任意长度的无翅片段，以满足换热器中折流板或支持板的组装需求。日立公司的生产经验还从另外角度实现了生产的绿色化，即通过一定的工艺转化措施就可以将冷凝换热管变成沸腾换热管。不论采用何种高效换热管，都要充分评估其加工工艺性能（如钛高效管加工的缺口效应），考虑折流板孔对高效管的磨损以及高效管管束自身的诱导振动对换热器的破坏程度，保证换热器的安全性，实现绿色节能与长周期绿色安全运行的和谐统一。

以 Wieland 公司生产的高效换热管为代表的锯齿形翅片管在低温深冷领域发挥了很大作用。由 APCI 授权的带有氮气过冷循环的 C3/MR 工艺已在卡塔尔得到成功应用，该工艺的单套 LNG 处理量为 $780×10^4$t/年。与标准光滑管和低翅管相比，双面强化管的使用大大减小了设备的尺寸和重量。对于大型设备来说，综合考虑包括制造、运输、安装、运行和维护等因素，带来的效益更加明显。表 2-23、表 2-24 对比了三种换热管分别应用于低压混合制冷剂（丙烷蒸发器）和丙烷冷凝器后带来的设备尺寸和重量的变化情况。

表 2-23　低压混合制冷剂（丙烷蒸发器）三种换热管的对比

换热管类型	热负荷/MW	丙烷蒸发温度/℃	混合制冷剂进出口温度/℃	设备直径/mm	换热管规格	换热管长度/m	设备干重/t
光滑管	45	−21.8	−1.9/−18.5	—	—	27.5	172
低翅管				—	30fpi	19	124
GEWA-PB 蒸发管				1500	3/4″×3745mm	10.9	79

注：1. 30fpi 表示每英寸管长包含的翅片数为 30。

　　2. 3/4″×3745mm 表示管径为 6 分管，长度为 3745mm。

表 2-24　丙烷冷凝器三种换热管的对比

换热管类型	热负荷/MW	丙烷冷凝温度/℃	循环冷却水进出口温度/℃	设备直径/mm	换热管规格	换热管长度/m	设备干重/t
光滑管	61	36	22.0/31.2	—	—	17	157
低翅管				—	30fpi	9	96
GEWA-KS 冷凝管				2280	3/4″×6467mm	6.5	76

▶▶ 2. 高通量换热管

多孔管是高通量的强化传热元件，主要适用于强化核态沸腾的换热场合。通常以机械加工、颗粒烧结或者钎焊、电子沉积、火焰喷涂等方式在需要被强化的表面形成多孔，其中烧结多孔管是高通量换热管的典型管型。1979 年，美国联合碳化物公司率先实现了高通量多孔管换热器的商业化。

（1）高通量换热管的强化机理与性能分析　多孔管表面是一种内部包含为数众多相通孔穴的拓扑结构。由于这些孔穴能产生汽化核心，因此能够以很高的频率生成气泡。多孔管外流体的沸腾过程如图 2-29 所示。当大的气泡从多孔层脱离时新的汽化核心又在孔穴里成形，进而产生越来越多的气泡；传热效率和负荷与气泡逸出频率正相关。气泡离开表面后，形成气柱蜂巢流态，换热机理类似自然对流；这种流动进一步破坏了液体和管壁间的层流底层，达到了强化传热的效果。另外，多孔层特殊结构（图 2-30）的表面张力不仅束缚住了无数气泡核，而且由于顶部和底部存在的温差效应，造成气泡表面张力的细微差别，促使热流体离开金属表面，形成向上喷射溢出的流动状态。因此，多孔表面强化传热的过程伴随着气泡的生成、长大直至破裂。

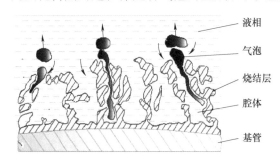

液相
气泡
烧结层
腔体
基管

图 2-29　多孔管外流体的沸腾过程

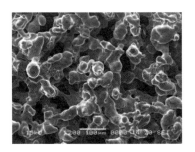

图 2-30　放大 200 倍的多孔层

表面多孔管强化传热的机理主要在于换热表面对汽化核心生成的促进，而传热面产生气泡的速度直接影响了沸腾传热速率。研究表明，光滑传热表面最有可能在表面缺陷处形成气泡汽化核心，而独特微细结构的多孔管表面有无数个人造汽化核心，从而大大加速了气泡的成核速度。相互连通的多孔层在气泡长大和逸出的同时，在类似虹吸机理的作用下加速了局部液体湍动，产生了整体对流传热。烧结型表面多孔管沸腾传热主要以管内液膜与壁面间的对流传热、薄膜蒸发、整体对流三种方式进行。表面多孔层（图2-30）在增大微观传热面积的同时，利用导热系数高的金属材料制作多孔层可进一步提高传热效果。

王学生等人用钢管作为基材，烧结了三种不同尺度的铜合金粉末，其多孔层的特性参数见表2-25。通过热水加热丙酮蒸发的试验研究，获得了丙酮热流率与沸腾温度的关系以及沸腾传热系数与热流率的关系，分别如图2-31和图2-32所示。由图2-31可以看出，在同一沸腾温度下，多孔管表面的热流率远高于光滑管的热流率；而且随着沸腾温度的升高，多孔管表面的热流率和光滑管的热流率的相差幅度越来越大。多孔管表面的热流率是光滑管的5~8倍，其中3#多孔管的热流率最高，这说明烧结多孔管的孔隙率对换热管的传热性能影响很大。由图2-32可以看出，多孔管表面的沸腾传热系数随着热流率的增加而增大，其中3#多孔管表面的沸腾传热系数是光滑管的8~14倍。

表2-25　三种多孔层的特性参数

多孔管号码	多孔层厚度/mm	孔隙率（%）	当量半径/μm
1#	0.17	45.4	68.6
2#	0.23	62.7	64.4
3#	0.22	70.6	63.0

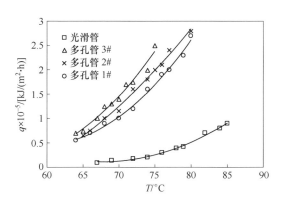

图2-31　热流率与沸腾温度的关系

换热器结垢是流程工业普遍存在的问题，因此高通量换热管的绿色特征还表现为良好的抗垢能力。在换热器工程设计中，一般通过选取合适的污垢系数以保证设备负荷能力不受污垢影响而降低。为保证换热器设计的合理性，在考虑结垢

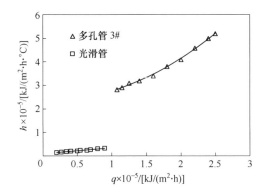

图 2-32   沸腾传热系数与热流率的关系

倾向的同时，也要避免因污垢系数选取过大造成设计冗余，准确反映高通量换热管的阻垢性能非常重要。有关学者研究了多孔管和光滑管在 1.8g/L $CaSO_4$ 溶液中241h 结垢性能，结果如图 2-33 所示。多孔管传热系数经过很长一段时间（约为15h）波动后才出现下降，而光滑管传热系数在很短时间内就出现了衰减。分析可知，多孔层中有强烈的气液形成了微循环阻止污垢元素向换热表面沉积，同时加速已经沉积污垢的剥离，因此其传热系数开始时变化比较小。从图 2-33 可以看出，当试验进行了 91h 后，多孔管传热系数由 61.73kW/（m^2·K）下降到 26.84kW/（m^2·K），降幅达到 56.5%；光滑管传热系数由 28.26kW/（m^2·K）下降到15.83kW/（m^2·K），降幅为 44.0%。虽然多孔管传热系数降幅比光滑管大，但是多孔管传热系数始终明显大于光滑管，开始时为光滑管的 2.2 倍，即使经过 91h后，其传热系数仍为光滑管的 1.7 倍，说明其仍然保持着强化传热能力。

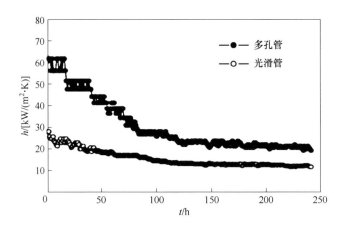

图 2-33   沸腾过程两种不同加热面传热系数

（2）高通量换热管的绿色制造及工程应用　为了充分发挥多孔管的传热性能，人们对高通量换热管不断改进，除了表现在基层材料的选择性上，同时还研发了包括管内/外烧结、管内烧结/管外其他强化措施等的双面强化高通量管技术，可根据使用场景确定最佳的生产方案匹配。

新近发展出基于铁基材料的高通量管烧结技术，以碳钢作为多孔管材料，以黄铜粉末合金（控制锌的质量分数为 9%~11%）烧结成多孔层，黏合剂材料由聚苯乙烯和二甲苯等组成。该类型多孔管的制造过程：首先通过打磨和酸洗清洁换热管的表面污物，然后将黏合剂和黄铜粉末依次喷涂到换热管的表面，最后将换热管放置在含氢气氛的电炉里进行烧结。在烧结过程中，首先在 30min 内将电炉的温度升高到 400℃，然后保温 30min，再升高到 760℃，保温 2h。该过程分两步升温加热方法是至关重要的，其中第一步使黏合剂汽化，第二步充分烧结，以减小对最终产品的不利影响。

孔隙率和当量半径（直径）是衡量多孔层性能的重要参数。一般来说，孔隙率越高，多孔层高通量管的沸腾传热效果越好，采用新烧结工艺的表面多孔管的孔隙率在 60% 左右。另外，由于多孔层的孔隙半径呈现不规则随机特征，因此采用当量孔隙半径作为孔隙尺寸的表征。工业烧结多孔层的当量孔隙半径大约为 40μm，适宜传热的多孔层厚度大约为 0.25mm。多孔管表面的微观结构如图 2-34 所示。

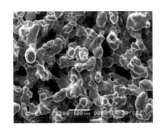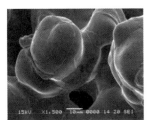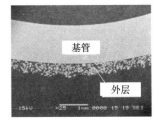

图 2-34　多孔管表面的微观结构

为了解决烧结温度高对基管损伤的难题，徐宏等人研究了包覆粉末烧结成形机理，通过建立烧结动力学模型，开发出复合粉末低温瞬时烧结制备微多孔表面技术，改善了微多孔层与基体冶金结合的性能。该技术具有材料匹配性良、结合强度高、孔层结构参数可控等显著优点，降低烧结温度达 100~150℃，孔径分布偏差由 20μm 降低到 10μm 以下。

国内某石化企业新建 36 万 t/年的乙二醇装置采用了四台高通量换热器，该换热器由大庆石油化工机械厂自主研制，自 2011 年投用后情况良好。某换热器的换热管采用国外专利产品高通量换热管（换热管基材牌号 C70600，90Cu-10Ni），对操作介质具有很强的抗腐蚀能力。高通量换热管为双面强化传热元件,中间段外表面沿轴线轧制成条形齿状纵槽,横截面外表面类似于齿轮形状,内表面烧结一层多孔合金。该换热器采用普通换热管和高通量换热管的应用情况对比,见表2-26。从实际运行结果可以看出,高通量换热器实现了节能、节材、节约空间的绿色化制造目的。高通量换热器的换热面积减少了23.8%,换热器体积也随之减小;设备总传热系数平均提高了89%,实测最高值可达110%,强化传热效果显著;管束重量减轻了25%,有效节省了设备材料;设备运行负荷提高了16%,最高值可达20%,提升了设备负荷能力;加热蒸汽温度由原来的189.4℃降低到165.7℃,蒸汽压力由1.3MPa降低到0.7MPa,节能降耗效果显著。

表 2-26　两种换热器运行参数比较（平均值）

项目	壳体直径/mm	换热面积/m²	运行负荷/kW	蒸汽温度/℃	物料温度/℃	传热温差/℃	总传热系数/[W/(m²·K)]	换热管重量/t	备注
普通换热管	700	122.7	3506.87	189.4	65.2	124.2	230.15	2.25	—
高通量换热管	700	93.4	4049.66	164.9	65.5	99.4	436.20	1.69	投用120h
高通量换热管	700	93.4	4078.30	166.5	65.4	101.1	431.90	1.69	投用120h
变化情况	一致	−23.8%	+16%	−23.7℃	保持	−24.0℃	+89%	−25%	—

▷▷ 3. 扭曲管

（1）扭曲管的强化机理与性能分析　扭曲管是一种典型的被动强化技术应用,采用冷成形工艺将一定长短轴比的椭圆直管旋转扭曲成一定螺距的传热元件。由于这种传热元件外缘保持紧密的点接触,从而可以形成多点自支撑结构的管束,将管束和壳体再组装成扭曲管换热器,如图2-35所示。

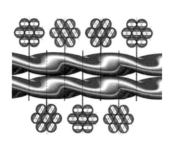

图 2-35　扭曲管自支撑结构和管束

扭曲管换热器的管侧流动方面，独特流动空间形成的二次流、边界层减小等流动机制促进了热性能的提升。传统管壳式换热器中流体的横向掺混相对较弱，管程的径向温度梯度相当大，使管侧流体中心和近壁面流体的温差很大。当壁面两侧流体温差减小时，两种流体之间的传热减弱。当采用扭曲管时，扭曲管内部的螺旋流动产生惯性力引起了二次流，从而强化了管程流体的混合。这是由于冷流体在管内流动时，近壁面受热流体的密度和流体中心部位相比较低，由螺旋流的诱导作用产生的离心力促使高密度流体流向近壁面的低密度流体（图 2-36），从而提高了管壁两侧的温差。与光滑管相比，扭曲管束内的流动速度增加会显著减小边界层厚度，进而降低热阻，促进了扭曲管的强化传热。产生螺旋流动也导致管程阻力的增加，管程阻力包括沿程的摩擦阻力和螺旋流动引起的附加湍动阻力。相关研究表明，压力损失的增加幅度同传热的增加幅度相比较小；与光滑管换热器相比，采用扭曲管后换热器的体积减小因子为 1.25~1.4。

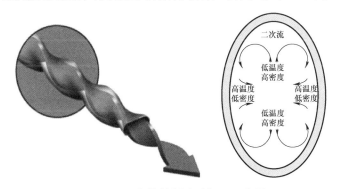

图 2-36　扭曲管管侧流动机理示意图

扭曲管换热器的壳程流动方面，壳程圆形内部空间形成的螺旋通道可以看成由一系列连续不断的椭圆截面所构成，其内部稳态速度曲线被流动方向的持续变化所扰动。这种扰动形成了较强的横向掺混，并促使流动在相对低的雷诺数下达到湍流状态。同层流相比，湍流机制提供了较高的表面传热系数；保持流动的湍动性就能保证较高的传热性能，这就是壳程强化传热的机理，如图 2-37 所示。

螺旋流动促进了二次流的发展和边界层不稳定性的增长，进而降低临界雷诺数。螺旋流动的不断叠加带来了传热效率的显著提高，但同时也引起阻力增大。从层流到湍流过渡的区间里，传热增强的幅度超过了阻力增大的幅度。但在高雷诺数的区间里，湍流

图 2-37　扭曲管壳程流动机理示意图

涡旺盛,进一步强化传热的难度较大。

中国石化工程建设有限公司的张铁钢等人对表 2-27 所列的扭曲管和光滑管进行了对比试验。扭曲管单管试验采用蒸汽-水的套管换热试验,测试中保持扭曲管管外的蒸汽、水混合物处于饱和状态,以保证单管管外温度为恒壁温,在数据处理过程中忽略管外热阻,仅考虑管壁导热及管内的对流传热,根据测得的总传热系数,以此分离出管内的表面传热系数。测试结果如图 2-38 所示,可以看出,在相同雷诺数下,扭曲管管内的表面传热系数明显高于光滑管,说明扭曲管对管内流体具有明显的强化传热作用。

表 2-27 单管试样参数

扭曲管规格	光滑管规格	换热管材质	管壁导热系数/[W/(m·K)]	测试介质
换热段长度:3000mm 扭曲距离:200/230/250/350/400mm 扭曲管内截面:短轴 14.5mm、长轴 24mm、壁厚 2.5mm 对数平均管径:20.12mm	内径: 20mm 壁厚: 2.5mm	321 不锈钢	16.2	水

美国辛辛那提大学的 Fady Bishara 对不同短长轴比、不同螺距的扭曲管(图 2-39)进行了数值模拟,发现扭曲管管内努塞尔特数和摩擦因数随着扭曲距离的减小(扭曲得越厉害)而增大,随着雷诺数的增加而增大(图 2-40 和图 2-41)。同样的扭曲距离下,扭曲管越扁(短长轴比越小),传热性能越好。同时发现,扭曲管的传热性能优于直椭圆管和相应的直圆管。

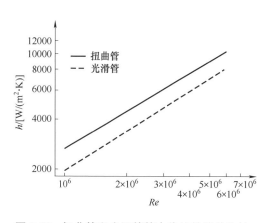

图 2-38 扭曲管和光滑管管内传热性能的比较

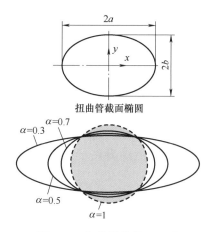

图 2-39 扭曲管的截面尺寸

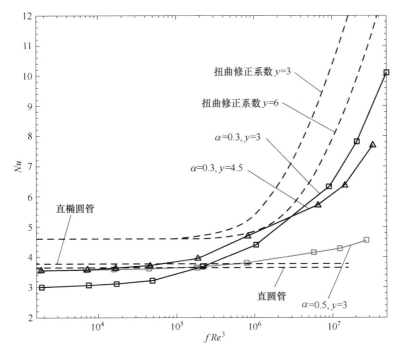

图 2-40　扭曲管管内努塞尔特数和雷诺数的关系

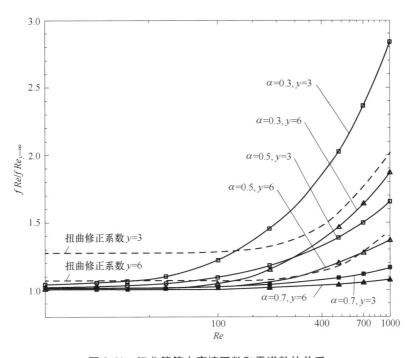

图 2-41　扭曲管管内摩擦因数和雷诺数的关系

由于扭曲管换热器壳程流体通道横截面沿管束纵向周期性地发生变化（图 2-42），使壳程流体在沿螺旋扭曲换热管外壁纵向流动的同时，产生复杂的以旋转和周期性的物流分离与混合为主要特点的强扰动，在管、壳程均能起到强化传热作用，一般综合传热效率在相同压降的情况下可以提高 30%~40%（图 2-43）。表 2-28 列出了相同质量流量条件下两种换热器管壳程表面传热系数和压降的对比。

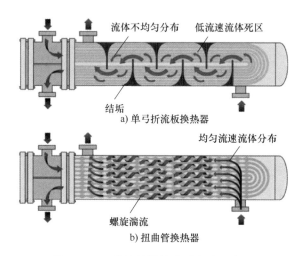

图 2-42　两种换热器的流动方式示意图

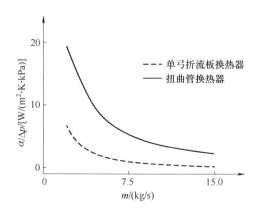

图 2-43　单位壳程压降下两种换热器的传热性能

表 2-28　扭曲管双壳程换热器和普通弓形折流板换热器传热性能对比

项　目		扭曲管双壳程换热器	普通弓形折流板换热器
质量流量/（kg/s）	管程	11	11
	壳程	23	23

（续）

项　　目		扭曲管双壳程换热器	普通弓形折流板换热器
流速/（m/s）	管程	1.1	0.947
	壳程	1.09	1.0952
表面传热系数/[W/（m²·K）]	管程	5840	4400
	壳程	7536.8	10000
压降/kPa	管程	2.4	1.44
	壳程	10	47
总传热系数/[W/（m²·K）]		3290	3056

（2）扭曲管的绿色制造及工程应用　扭曲管的绿色制造优势主要体现在：①新型扭曲管都是采用冷加工成形技术，采用专用扭曲管轧管机不仅可以保证扭曲管的尺寸精度，而且不造成环境有害排放；②采用结构创新体现绿色设计，如在扭曲管双壳程换热器壳程设置内夹套，紧密包裹扭曲管管束，防止壳程流体沿壳体内壁的漏流和短路，同时也降低了管束与壳体的组装难度；③利用扭曲管管外多点自支撑结构实现换热管束无折流板支撑并开发出组装技术；④管子中心距比传统管壳式换热器管间距小，更有利于布管，但也对换热管与管板连接提出了更高要求，开发出对管桥损伤更小的焊接和胀接工艺；⑤扭曲管结构型式使其具有污垢难以附着生长的优势，在设计时可以选择更低的污垢热阻，避免不必要的设计冗余；⑥扭曲管的使用维护与清洗比传统管壳式换热器更经济便捷。

管束振动破坏是传统管壳式换热器常见的失效模式，扭曲管换热器的最大优势在于可有效防止壳程管束振动。挪威Hammerfest 液化天然气工厂的液化流程如图 2-44 所示。这家工厂的海水冷却（凝）器曾采用钛低翅管和螺旋折流板的组合式结构（图 2-45），但运行过程中由于流体的诱导振动导致换热管磨损严重并频繁引发泄漏（图 2-46）。工厂和有关研究单位在分析对比的基础上，决定将其中位于25-HA-113 段号的海水混合冷剂换热器更换为一台扭曲管换热器。该换热器位于液化流程的过冷循环，作为两级过程中的级

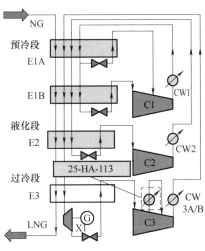

图 2-44　挪威 Hammerfest 液化天然气工厂的液化流程

间冷却器使用，目的是节省过冷压缩循环功耗。最终选择采用扭曲管换热器的原因正是考虑到扭曲管换热器具有良好的抗振性能、抗垢性能以及热力性能的综合表现。目前，扭曲管换热器的工业应用场合见表2-29。

图 2-45 钛低翅管螺旋折流板换热器

图 2-46 钛低翅管磨损和失效的外观

表 2-29 扭曲管换热器的工业应用场合

工 业 领 域	应 用 场 合
化工	硫酸冷却
	氨预热
	过氧化氢冷却/加热
石油天然气	高压气体加热/冷却
	原油加热
	沥青加热
	LNG 加热
纸浆/造纸	纸浆黑液加热/冷却
	漂白水冷却

（续）

工 业 领 域	应 用 场 合
纸浆/造纸	工业油加热/冷却
	废液冷却
发电	汽轮机蒸汽冷凝
	锅炉给水加热
	润滑油冷却
钢铁	淬火油冷却
	润滑油冷却
	压缩空气冷却
采矿	过程液体冷却
	废液冷却
区域供热	闭式循环水加热
	蒸汽加热

　　国内某加氢裂化装置尾油减压分馏装置的减底油和进料部位安装了 3 台 DN 500 新型高效扭曲管双壳程换热器以替代原来的 4 台浮头式换热器。经过两年运行后，进行了现场标定和换热器计算软件核算，结果见表 2-30。从表中可以看出：3 台传统单弓折流板 U 形管式换热器的传热性能已不能满足要求，且壳程压降远远大于设计允许值 50kPa；4 台单弓折流板浮头式换热器可基本满足工程设计需要，但几乎无任何面积裕度；而 3 台新型高效扭曲管双壳程换热器不仅能够满足工程设计需要，而且其壳、管程压降比单弓折流板浮头式换热器有一定程度的降低，综合性能良好。扭曲管换热器与普通换热器的经济性比较见表 2-31。从表中可以看出，3 台新型高效扭曲管双壳程换热器不仅能够满足设计和生产的需要，而且重量减轻了 21%，材料费用节省了约 30%。

表 2-30　不同形式换热器传热效果对比

设 备 型 号	换热管形式	折流板形式	设备数量	面积裕度（%）	压降/kPa（壳程/管程）
BFU500-2.5-55-6/25-2 I	光滑管	单弓	3 台	-62.8	131.8/9.7
BFU500-2.5-55-6/25-2 I	扭曲管	无	3 台	0.5	5.6/21.3
BFS500-2.5-55-6/25-2 I	光滑管	单弓	4 台	-1.4	25.4/63.3

表 2-31　扭曲管换热器与普通换热器的经济性比较

项　目	扭曲管双壳程换热器	光滑管浮头式换热器
型号	BFU500-2.5-55-6/25-2 I	BFS500-2.5-55-6/25-2 I
换热面积/m²	56	57.4
换热管	60 根 U 形，$\phi25mm\times2.5mm$	124 根，$\phi25mm\times2.5mm$
表面传热系数/[W/(m²·K)]	238	175
重量/kg	3092kg×3＝9276kg	2940kg×4＝11760kg

2.3.2　协同设计带来的轻量化

在换热器绿色制造的诸多环节中，绿色设计至关重要。随着技术进步和装置日趋大型化，承担更多热量转移的超大型换热设备应运而生。对于尺寸超出 GB/T 151—2014 等标准适用范围的超大型换热器轻量化设计，需要考虑两个方面的影响：①设计工况的复杂性，如伴随着大流量、大温差、流体诱导振动、多相流条件下的结构设计，不仅带来设备的直径巨大从而造成管板等受压元件的厚度倍增问题，也带来换热面积巨大从而造成超长换热管的支撑、海量换热管的制造检验等一系列问题；②特大型换热器的精确设计问题，这种情况下污垢热阻及设计裕度的精确把控尤为重要，许多换热器的出口参数需要控制在严格的操作空间内，换热器的冗余设计会给设备结构和工艺安全带来潜在风险。因此需要深入研究换热器热力设计和机械设计的协同，并在热力设计中实现浓度场、速度场、温度场协同，在机械设计中实现强度、刚度、稳定性协同，从而在安全可靠的基础上最大限度地实现超大型换热器轻量化，实现换热器绿色制造。

1. 超大型换热器轻量化设计制造关键技术

反应器是一类集过程反应与热量传递于一体的热交换设备，在很多化学工业装置中应用广泛。化学反应的复杂性使换热器的传热工况更加复杂，同时由于反应催化剂存储会造成换热器体积庞大。大型丁辛醇装置的醛醇转化器（简称为丁醛转化器）研制集中体现了多场协同的设计方法。通过开展整体结构设计、关键部件结构优化、管板柔性连接、长周期服役检修规程等方面的研究，建立整套超大型换热器轻量化的可靠性设计制造技术方法，实现超大型换热器的轻量化绿色制造。

丁醛转化器的轻量化设计制造内容包括：①分析轻量化后的失效模式与损

伤机理，通过提出有针对性的设计制造和检验维护措施，以确保轻量化产品的建造质量和服役安全；②研究超大型反应换热器管程和壳程传热与流动特性，通过建立连续传热反应的温度和浓度预测模型，结合常规压力容器结构建模，运用有限元手段完成整体结构在设计工况与特殊工况下的强度和稳定性校核；③开发碟形薄管板和整体锻环的组合结构，解决因采用薄壁管板造成的内外压差应力提高难题，通过管板厚度和转角半径的优化，提高管板的变形协调能力，降低总体应力水平；④提出大直径换热管的相关设计技术指标要求，编制《大直径换热管订货技术条件》相关规范，使其满足超大型换热器用换热管的强度、胀接、成形与管束组装等要求；⑤开发网格栅式支撑折流装置，解决大直径薄壁换热管潜在的振动疲劳和轴向塑性失稳问题，在提高传热效率、降低壳程阻力损失的同时有效避免换热管振动，优化换热器载荷分布，提高支撑稳定性；⑥开发管板与管程、管板与壳程筒体的柔性连接方法，在免膨胀节结构设计条件下有效缓解和释放管、壳程的温差应力，同时采用对焊连接，既可保证焊接质量，又可为无损检测预留空间；⑦开展大直径薄壁换热管与管板的焊接和胀接工艺评定，确定适宜的焊条电弧焊和自动焊焊接参数、检测评价方法与合格指标；⑧从超大型换热器材料性能要求、零部件加工、管束及组装、焊接与热处理、无损检测、水压试验、油漆包装和运输等方面考虑，提出丁辛醇装置超大型换热器的制造安装技术要求；⑨在上述技术基础上，研制出轻量化丁辛醇换热器，并在多家企业进行工程示范应用，典型产品规格：设备直径为4900mm，换热管直径为88.9mm，换热管数量为1551根，实现节材20%以上；⑩为确保轻量化超大型换热器的长周期安全运行，制订基于风险的在役检验与维护规程，依据其失效模式与损伤机理，确定换热器需重点检验检测的部位、适用的检验策略及其检测比例，提出典型工艺参数的在役运行监控方法、换热管管头修复方法。

▶▶ 2. 超大型换热器多场协同设计

换热器绿色制造涉及的内容很多，本节仅从强化传热和协同设计两方面进行了重点论述。这两方面的共同特征是，既实现了热交换设备的轻量化，又保证了安全性和能效性的和谐统一，节材节能效果显著。

（1）超大型换热器轻量化后失效模式与损伤机理的变化 丁醛转化器的直径超过5000mm，按照规则设计的管板厚度超过260mm。这种结构对优化因压力引起的应力状态有利，但对因温差载荷引起的热应力却非常不利。降低管板的厚度、改进相关受压元件的连接形式已成为轻量化的焦点，同时还会带来厚管板减薄的限度考虑、应力状态调控和轻量化带来的后果评估等问题。因此需要首先分析轻量化后失效模式与损伤机理的变化（见表 2-32），为后续合理提出有针对性的设计制造和检验维护措施、确保轻量化产品的建造质量和服役安全奠定基础。

表 2-32　超大型换热器轻量化后失效模式与损伤机理的变化

失效模式	主要损伤机理	轻量化后失效模式与损伤机理的变化	轻量化后设计制造与检验维护建议
机械损伤	脆性断裂	管板减薄后，由压力和约束引起的应力水平提高，脆性断裂可能性增加	采用碟形管板和锻环连接结构、平滑过渡，降低应力水平；对焊接、热处理和无损检测要求更高
	韧性断裂	管板减薄后，由压力和约束引起的应力水平提高，韧性断裂可能性增加	采用碟形管板和锻环连接结构、平滑过渡，降低应力水平；对焊接、热处理和无损检测要求更高
	振动疲劳	对于薄壁换热管，当采用折流板结构时，流体横向穿越管束，可能激发管束振动和声振动	采用网格栅式支撑折流结构，流体纵向流动，避免振动现象发生
	塑性失稳	对于薄壁换热管，易发生轴向塑性失稳	采用网格栅式支撑结构，提高稳定性

注：表中所列轻量化后失效模式与损伤机理的变化，是基于采用结构优化设计方法实现超大型换热器轻量化这一前提；轻量化后，换热器的失效模式与损伤机理的变化主要为机械损伤；轻量化后的超大型换热器通过薄管板结构设计吸收热差应力，可避免热疲劳；轻量化后的超大型薄管板换热器一般不采用复层结构，可避免复层开裂。

（2）超大型换热器浓度场、温度场的协同设计　丁醛转化器和辛烯醛转化器是丁辛醇装置中两个典型的超大型换热器，均为集换热与反应功能为一体的关键设备。以丁醛转化器的多场协同设计为例，首先确定超大型换热器基本结构型式和介质相态及状态参数，进行管程和壳程传热与流动特性研究，进而建立该连续传热式反应器的一维拟均相模型。

丁醛转化器中发生的反应方程式为

$$CH_3(CH_2)_2CHO+H_2 \longrightarrow CH_3(CH_2)_3OH \tag{2-1}$$

利用下式可以计算不同反应温度下的反应生成热，即

$$\Delta H_{R,T} = \sum_{i=0}^{4} A_i T \tag{2-2}$$

式中，$\Delta H_{R,T}$ 为反应温度 T 的反应热，由标准生成焓和标准生成自由能组成，对应不同操作条件下反应温度 T 的拟合函数；A_i 为拟合系数。

丁醛组分浓度一阶常微分方程为

$$\frac{dy_B}{dL} = \frac{RA\ (1+y_{OH})^2}{N_{T,I}} \tag{2-3}$$

式中，y 为组分的摩尔分数；L 为反应器高度；R 为反应速率；A 为床层截面积；N_T 为组分摩尔流量；下标含义：B 表示丁醛，OH 表示丁醇，I 表示入口。

换热（反应）器换热管内某点的反应温度一阶常微分方程为

$$\frac{dT_b}{dL} = \frac{(-\Delta H_{R,T})}{N_{T,I}} RA\ (1+y_{OH}) - \frac{K_{ba} m_i \pi d_a}{N_{T,O} c_{pb}}\ (1+y_{OH})\ (T_b - T_a) \tag{2-4}$$

式中，K_{ba} 为管内床层气体对壳程沸腾水传热系数；m_i 为反应管根数；d_a 为管径；c_{pb} 为床层某点定压比热容；T_b 为床层某点反应温度；T_a 为反应管温度；下标含义：OH 表示丁醇，O 表示出口，I 表示入口。

联立以上各式得到丁醛转化器的热产量，可进一步计算产生的蒸汽量。根据传热学基本原理，转化器的总传热系数由管内反应物料传热系数、壳程相变传热系数与换热管导热系数组合计算获得。利用式（2-3）、式（2-4）可以求出床层内的温度、浓度的分布。基于分布式参数模型（Discrete Parameter Model，DPM），运用迭代算法可以精确获得管、壳程沿轴向的温度、浓度及各热物理特性的分布情况，以及最终的设计目标——换热面积。超大型换热器的热动力研究，不仅有利于换热面积的精确计算，还可为机械强度分析和振动分析分别提供准确的温度场参数和详细的流场参数，实现机械和热力协同。

（3）超大型换热器的热力与机械协同设计　丁醛转化器的工作过程复杂，不仅包括转化反应和换热的正常操作工况，还包括催化剂氧化、还原等特殊工况。由于换热器体积庞大，所以丁醛转化器的载荷除考虑介质压力、温度外，还需考虑结构重力和物料介质重力，机械设计中根据管、壳程不同的载荷设定情况需要进行多种正常操作工况和非正常操作工况的校核设计。根据设计条件参数、热工设计结果和管、壳程传热系数等输入数据完成管板布管区温度场和热变形的分析计算，在此基础上分析计算转化器整体结构设计工况与特殊工况的应力情况、壳程筒体与换热管的稳定性。下面分别选择 1 个设计工况对热力与机械协同设计过程予以介绍。

该设计工况的具体设置：对丁醛转化器整体结构进行只有壳程设计压力作用、只有管程设计压力作用、壳程设计压力与温差载荷共同作用、管程设计压力与温差载荷共同作用等不同条件下的应力分析计算。选择壳程设计压力与温差载荷共同作用下的协同设计为例，计算得出：丁醛转化器整体结构相对支座的向下最大位移为 8.026mm（图 2-47），向上最大位移为 9.218mm；丁醛转化器整体结构的最大应力位于下管板圆弧过渡处，应力值为 226.856MPa，如图 2-48a

所示。壳程设计压力与温差载荷共同作用下管板布管区第三强度当量应力分布如图 2-48b 所示，上管板和下管板第三强度当量应力分布分别如图 2-48c、d 所示。

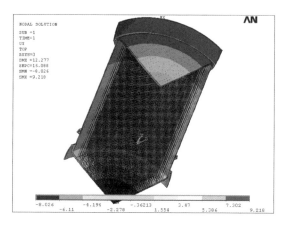

图 2-47　壳程设计压力与温差载荷共同作用下丁醛转化器整体结构轴向位移

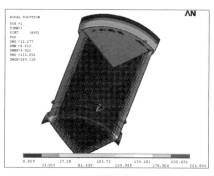

a) 整体结构

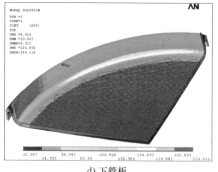

b) 管板布管区

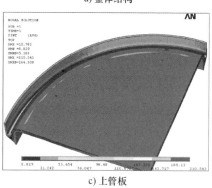

c) 上管板

d) 下管板

图 2-48　壳程设计压力与温差载荷共同作用下丁醛转化器第三强度当量应力分布

壳程设计压力与温差载荷共同作用下上、下管板应力评定结果分别见表2-33和表2-34。壳程设计压力与温差载荷共同作用下换热管应力分布见表2-35，中间大部分换热管受拉应力，应力值分布均匀；周边换热管受压应力，应力梯度较大，并存在较大的弯曲应力。

表2-33　壳程设计压力与温差载荷共同作用下上管板应力评定结果　（单位：MPa）

组合应力强度	计　算　值	许用极限	结　　果	路　径	
布管区	一次局部薄膜应力强度 S_{II}	14.97	$0.6\,[\sigma]^t = 76.44$	通过	S-S1
	一次加二次应力强度 S_{IV}	81.11	$1.2\,[\sigma]^t = 152.9$	通过	
外环过渡圆弧	一次局部薄膜应力强度 S_{II}	44.43	$1.5\,[\sigma]^t = 191.1$	通过	S-S2
	一次加二次应力强度 S_{IV}	107.5	$3\,[\sigma]^t = 382.2$	通过	
	一次局部薄膜应力强度 S_{II}	53.12	$1.5\,[\sigma]^t = 191.1$	通过	S-S3
	一次加二次应力强度 S_{IV}	94.75	$3\,[\sigma]^t = 382.2$	通过	
	一次局部薄膜应力强度 S_{II}	118.4	$1.5\,[\sigma]^t = 191.1$	通过	S-S4
	一次加二次应力强度 S_{IV}	209.8	$3\,[\sigma]^t = 382.2$	通过	
	一次局部薄膜应力强度 S_{II}	66.89	$1.5\,[\sigma]^t = 191.1$	通过	S-S5
	一次加二次应力强度 S_{IV}	102.0	$3\,[\sigma]^t = 382.2$	通过	

表2-34　壳程设计压力与温差载荷共同作用下下管板应力评定结果（单位：MPa）

组合应力强度	计　算　值	许用极限	结　　果	路　径	
布管区	一次局部薄膜应力强度 S_{II}	15.1	$0.6\,[\sigma]^t = 76.44$	通过	X-X1
	一次加二次应力强度 S_{IV}	100.7	$1.2\,[\sigma]^t = 152.9$	通过	
外环过渡圆弧	一次局部薄膜应力强度 S_{II}	44.91	$1.5\,[\sigma]^t = 191.1$	通过	X-X2
	一次加二次应力强度 S_{IV}	121.1	$3\,[\sigma]^t = 382.2$	通过	
	一次局部薄膜应力强度 S_{II}	44.79	$1.5\,[\sigma]^t = 191.1$	通过	X-X3
	一次加二次应力强度 S_{IV}	92.89	$3\,[\sigma]^t = 382.2$	通过	
	一次局部薄膜应力强度 S_{II}	130.0	$1.5\,[\sigma]^t = 191.1$	通过	X-X4
	一次加二次应力强度 S_{IV}	226.1	$3\,[\sigma]^t = 382.2$	通过	
	一次局部薄膜应力强度 S_{II}	55.68	$1.5\,[\sigma]^t = 191.1$	通过	X-X5
	一次加二次应力强度 S_{IV}	113.2	$3\,[\sigma]^t = 382.2$	通过	
换热管	膜应力强度 S_{II}	21.53	$3\,[\sigma]^t = 345.6$	通过	—
	一次加二次应力强度 S_{IV}	44.54	$3\,[\sigma]^t = 345.6$	通过	

表 2-35　壳程设计压力与温差载荷共同作用下换热管应力分布　（单位：MPa）

位 置 号	1	2	3	4	5	6	7
膜应力	6.10	6.15	6.15	6.13	6.09	6.05	6.09
总应力	6.10	19.20	23.32	27.28	31.01	34.41	37.45
位 置 号	8	9	10	11	12	13	—
膜应力	6.39	7.17	8.05	6.83	−2.45	−21.53	—
总应力	40.12	42.25	42.71	39.25	−33.15	−44.54	—

换热管与管板连接焊缝的最大剪应力为

$$\tau = \frac{\sigma A}{\pi d l} = \frac{21.53 \times 861.55}{3.14 \times 88.9 \times 3} \text{MPa} = 22.15 \text{MPa} \leqslant 1.5 [\sigma]^t = 191.1 \text{MPa} \qquad (2\text{-}5)$$

式中，σ 为换热管轴向应力；A 为换热管管壁金属横截面积；l 为换热管与管板胀接长度或焊脚高度；d 为换热管外径。

壳程设计压力与温差载荷共同作用下丁醛转化器管板和换热管应力满足强度要求。对所有设计工况的详细分析表明，丁醛转化器在采用薄管板结构的情况下，应力水平虽有所提高，但均能满足要求。在强度合格的情况下，分别对换热器筒体在真空状态下换热管单纯承受壳程压力、壳侧压力进行稳定性校核。有限元分析表明，换热管在许多工况下还承受轴向压应力，因此还需要进行换热管的压应力稳定性校核。通过这些计算，还可获得强度、刚度、稳定性之间的良好协同。在换热器的结构设计中，开展超大型换热器的振动分析，研究壳程介质流动对换热管横向冲刷可能引起的各种振动，并提出防振措施。控制壳程流体的流动方向，使得壳程流体沿着换热器纵向流动，增加换热管的支撑，改变其固有频率，以避免产生共振。同时换热管支撑采用格栅支撑后，换热管的当量失稳长度减少一半，又有利于提高换热管受压状态下的稳定性。这种强度、刚度、稳定性的协同设计以及机械和热力的协同设计可以从根本上达到绿色设计的目的。

（4）超大型换热器刚度、强度、稳定性的协同设计　丁醛转化器与一般的换热管相比，其反应管不仅要承受一般换热管换热的功能，而且是装载反应催化剂的重要承压元件。反应管质量及精度的高低不仅影响传热元件的强度、刚度和稳定性，而且直接影响丁醛转化器的制造质量和运行安全。为降低转化器管程侧的阻力降，Davy 等工艺专利商指定反应管应选用规格为 ϕ88.9mm×3.2mm×6100mm 的大直径薄壁 20#碳素钢管，但对反应管并没有提出详细的技术规定。而 ϕ88.9mm×3.2mm 反应管已超出我国 GB 9948—2013《石油裂化用无缝钢管》标准以及 NB/T 47019.1—2011《锅炉、热交换器用管订货技术条件 第 1 部分：通则》的范围，没有可依据的制造、检验及验收技术要求。为此，合肥通用院经过对比研究，制定了《大直径薄壁反应管订货技术条件》，对反应管的化学成分、力学性能、尺寸公差都做了详细严格的要求，其中反应管尺寸公差要求和现有标准的对比见表 2-36。除此之外，还对反应管附加以 14MPa 全长范围的水压试验，按 GB/T 5777—2019 标准 L2 等级进行 100% 的超声检测以及按 GB/T 7735—2016 标准 A 等级进行 100% 涡流检测等技术要求。提出严格的反应管技术要求是缩小换热管和管孔之间间隙公差带的第一步，也为提高胀接过程的变形量（胀度）的一致性、减小胀接部分的残余应力、降低缝隙腐蚀的风险打下基础。

表 2-36　反应管尺寸公差要求和现有标准的对比

标　准	换热管制造方法	外径尺寸/mm	壁厚尺寸/mm	外径允许偏差/mm		壁厚允许偏差		弯曲度/mm	
				普通级	高级	普通级	高级	每米弯曲度	总长度弯曲度
GB 9948—2013《石油裂化用无缝钢管》	冷拔（轧）	50~60	>3.0	±0.30		±10%	±7.5%	≤1.5	≤9
NB/T 47019.1—2011《锅炉、热交换器用管订货技术条件 第 1 部分：通则》	冷拔（轧）	50~57	—	±0.25		±7.5%		≤1.5	≤9
订货技术条件	冷拔	88.9	3.2	±0.20		−2%~+6%		≤0.5	≤2

丁醛转化器还采用了独特的管板-锻环-筒体柔性连接结构（图 2-49）。在连接结构中，采用带转角的挠性薄管板来补偿温差引起的变形以降低管板应力。利用锻环分别与挠性薄管板以及管、壳程筒体连接，不仅能满足管束系统的协调变形，而且能保证筒体连接处的强度。另外，由于丁醛转化器的内径大，结构设计时，在满足温差变形补偿能力的前提下，管板及锻环的设计还需考虑以下因素：考虑各工况下设备与介质自重载荷，保证设备整体刚度和强度要求；管束装配以及胀接所需要的管板厚度要求；柔性环和管板、筒体的接头设计成对接接头形式，便于保证焊接质量。充分考虑对接接头的无损检测空间可操作性要求，以确保对接头的检测。

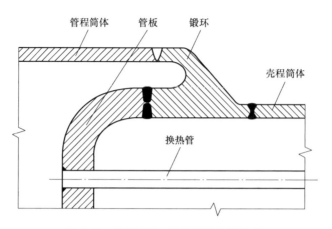

图 2-49　管板-锻环-筒体柔性连接结构

　　针对大直径薄壁换热管可能存在的振动疲劳和轴向塑性失稳问题，通过改变支撑结构，可避免传统管壳式换热器换热管支撑结构以及大型、轻量化管壳式换热器大直径换热管支撑的不足，能够有效提高传热效率，降低壳程阻力损失。基于换热器的工作原理，流体冲刷换热管的横向流是引起振动的根本原因，因而，改变流体的流动方式、避免横向流，使流体沿着换热器轴向流动，可减少振动的发生，提高设备的使用寿命。图 2-50 所示为一种管壳式换热器的网格栅式支撑折流装置。

　　丁醛转化器管程侧为不可逆的强放热反应系统，操作过程中转化器每一个反应管横截面的温度需要保持均匀，因此设备直径越大，壳程侧所需要平衡的热量常数也会随之增大。壳程侧饱和水及蒸汽应尽量保持纵向流，这不仅可以降低流动阻力，保证设备横截面温度一致，而且能够对管束形成支撑。与常规孔板支撑结构相比，格栅支撑结构具有以下优点：对于大直径立式设备，格栅板不仅作为整体管束的支撑，而且可以实现壳程侧流体的纵向流，更容易控制管程侧的反应温度；格栅板刚性好，与换热管表面的接触面积大，增加了换热管受弯曲应力时的稳定性，更有利于防止管束的振动。

　　（5）超大型换热器管板设计的单一载荷估算法　目前，在丁醛转化器管板设计时一般采用解析法初步估算管板厚度，再采用有限元方法对其进行校核；但在有限元模型建立时采用梁或杆单元模拟换热管，并对管板进行等效处理，若无法准确模拟换热管与管板连接局部的温度场及应力场，则会影响校核计算的准确性。快速科学估算出超大型换热器管板的初始厚度，开发合理的大型丁醛转化器管板设计方法，不仅能够深度挖潜整体结构的设计裕度，避免过度设计，同时也大大降低了设计过程耗费的人力物力资源。为解决这一问题开发出

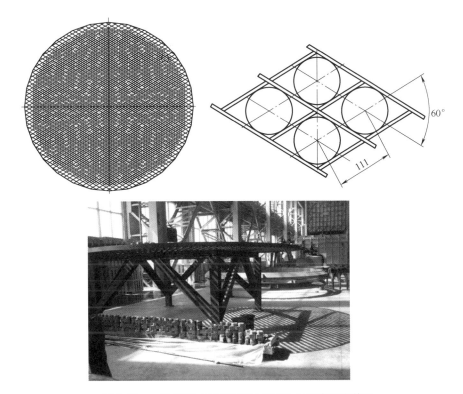

图 2-50　一种管壳式换热器的网格栅式支撑折流装置

单一载荷估算法，该方法通过分析单一载荷（即管程设计压力、壳程设计压力、温差载荷）作用下各关键部位的应力随管板厚度变化规律，结合应力组合分析确定管板厚度的设计初值，随后对管板初步设计厚度在设计载荷（管程设计压力、壳程设计压力、管壳程设计压力）和特殊工况载荷作用下进行校核，最终确定管板设计厚度，详细步骤如下。

1）从设计条件中筛选出最苛刻的单一载荷，一般为管程设计压力、壳程设计压力、温差载荷等。

2）建立有限元计算模型。

3）改变管板厚度，并分别施加步骤 1）中的单一载荷进行计算，并比较在单一载荷作用下各关键部位应力随管板厚度的变化规律。

4）在步骤 3）的基础上，在不同管板厚度下，分别叠加各关键部位不同类型的应力，选出不同管板厚度下结构的最大一次应力值和最大一次+二次应力值。

5）结合相关标准中所规定的结构材料在设计温度下的限制应力值，将步骤 4）中不同管板厚度下结构的最大一次应力值和最大一次+二次应力值进行比较和分析，确定管板的初步设计厚度。

6）将步骤5）中所确定的管板初步设计厚度输入到有限元计算模型中，对反应器结构在设计工况及多个特殊工况载荷作用下进行校核，确定最终管板厚度。

以某丁醛转化器为例，对大型丁醛转化器管板的设计方法进行说明。丁醛转化器结构简图如图2-51所示，其设计参数见表2-37。按照以下设定作为设计校核工况。

1）正常操作工况：壳侧-0.2MPa/120℃，管侧-0.563MPa/135℃。

2）正常操作的最坏工况：壳侧-0.1MPa/100℃，管侧-0.9MPa/145℃。

3）催化剂还原过程最坏工况：壳侧-0.7MPa/165℃，管侧-0.1MPa/常温。

4）氧化过程中放热峰值工况：壳侧-0.7MPa/165℃，管侧-0.9MPa/250℃。

5）初始开机工况：壳侧-0.2MPa/120℃，管侧-0.1MPa/管壳程温差≤40℃。

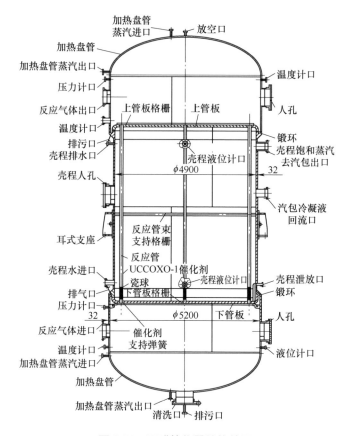

图 2-51　丁醛转化器结构简图

表 2-37 丁醛转化器设计参数

设 计 参 数	壳 程	管 程
设计压力/MPa	1.0（真空）	0.8
设计温度/℃	190（最高）/-11.5（最低）	260（最高）/-11.5（最低）
试验压力/MPa	1.28	1.13
物料名称	水与饱和蒸汽	工艺气体
介质物性	—	易燃易爆、中度危害
筒体内径/mm	5400	5600
筒体材料	Q345R	Q345R
腐蚀裕度/mm	3.0	3.0
焊接接头系数	1.0	1.0
换热管尺寸/mm	$\phi 88.9 \times 3.2$	
换热管根数	1839	
换热管长度/mm	6100	
换热管材料	20#	
布管方式	正三角形	
换热管中心距/mm	111	
管板/锻环材料	16Mn 锻	

丁醛转化器有限元计算模型如图 2-52 所示，将丁醛转化器管板厚度设定为 86mm、66mm、56mm、46mm、40mm，分别依次加载上述单一载荷进行有限元计算，将各关键部位的应力值进行分析比较。图 2-53 所示为单一载荷作用下锻环与管板连接处应力随管板厚度的变化。在上述计算结果分析比较的基础上，将各管板厚度下转化器各关键部位的不同类型应力分别进行叠加，并找出在各管板厚度下转化器结构的最大一次应力值和最大一次+二次应力值，如图 2-54 所示。根据 JB 4732—1995《钢制压力容器——分析设计标准》的规定，丁醛转化器各关键部位的材料为 16Mn 锻，在设计温度为 260℃（取管程、壳程设计温度的较大值）的情况下，一次应力的限制值为 $1.5S_m = 195.6$MPa，一次+二次应力的限制值为 $3S_m = 391.2$MPa。可以看出，当管板厚度为 40mm 时，丁醛转化器结构的最大一次应力和最大一次+二次应力均未超过限制值，但接近限制值。故将

40mm 定为该丁醛转化器管板的初步设计厚度。

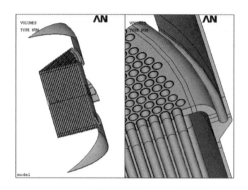

图 2-52　丁醛转化器有限元计算模型

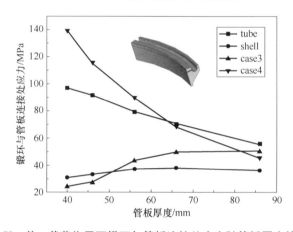

图 2-53　单一载荷作用下锻环与管板连接处应力随管板厚度的变化

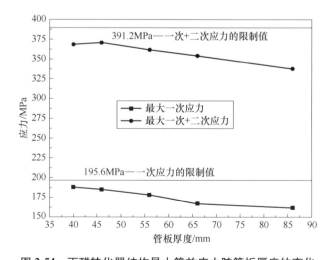

图 2-54　丁醛转化器结构最大等效应力随管板厚度的变化

根据设计参数和设计工况设定，对管板厚度为 40mm 的丁醛转化器结构进行强度校核计算，并对结构按照一定应力评定位置进行应力评定，评定结果显示丁醛转化器结构在设计及特殊工况载荷作用下的应力评定均通过，且冗余不大，故确定该丁醛转化器管板的最终设计厚度为 40mm。

3. 超大型换热器的绿色制造

在换热器的制造过程中进一步制造和使用绿色特征，如高效元件自身的转化、焊接过程的节能以及对环境的影响，柔性结构和协同设计降低了设备使用风险，采用适用于环境友好型介质的传热元件等，这些内容为换热器的绿色制造提供了一定的参考价值。

（1）丁醛转化器的管板反变形技术　丁醛转化器为大型挠性管板换热器，在制造中需要经历管板钻孔、锻环及管板焊接热处理、深坡口管接头焊接工序；而且丁醛转化器直径大、管板薄，任何一步制造工艺不合理，就会造成管板产生较大的局部变形，不利于设备的制造与安全。大型薄管板绿色制造的关键点在于科学控制管板变形，其管板变形来自两个方面：一是由于薄管板与柔性组件焊接引起的；二是由于薄管板与换热管焊接引起的。对于前者需要控制薄管板与柔性组件焊接带来的变形、改变锻环及管板焊接热处理工序，在对管板和锻环进行焊接前应预留变形加工余量，先将管板与锻环在粗加工状态下进行焊接，对焊缝进行超声检测合格后再进行焊缝局部热处理，热处理后再进行管板与锻环焊接组件的精加工，从而避免在后续的制造过程中管板热处理过程，并保证管板的平面度要求。对于后者需要对换热管焊接区域进行合理分布并合理控制热输入，在对换热管接头进行焊接时可先采用"米"字形分区方式，保证两片管板的平行度，然后再分片进行管接头焊接，以最大限度地减小管板焊接变形。

（2）大直径薄壁换热管与管板的连接工艺　管壳式换热器换热管与管板的连接方式有胀接、焊接和胀焊并用等。为保证可靠性，超大型换热器一般采用胀焊并用方式。焊接方法应匹配转化器材质，一般采用焊条电弧焊、TIG 焊（Tungsten Inert Gas Welding）和 MIG 焊（Melt Inert Gas Welding）。焊条电弧焊工艺简单，对管板加工要求较低，但对焊工操作技能要求高、劳动强度大且操作条件差、效率较低，焊接质量难以保证。与焊条电弧焊相比，TIG 焊具有明显的优势；但大型加氢转化器的换热管规格较大，如果采用自动 TIG 焊，需要焊接三层，焊接效率仍较低。MIG 焊自动化程度高、焊接效率高、成本低，但在焊缝根部较易出现内凹、未焊透、内咬边等缺陷，焊接过程存在飞溅等问题。针对 MIG 焊的缺点，为适应低热输入和低飞溅的焊接要求，在换热管与管板连接上采用逆变焊机和数字化焊接技术。管板焊缝宏观检验试板采用试验用管板材质单纯 TIG 焊，管板泄漏检测试板采用组合焊接。

应用表 2-38 所列的焊接参数对管板焊缝进行焊接性能检验，包括检漏试验件和宏观检验试验件。图 2-55 所示为管板焊缝宏观检验试验件示意图，图 2-56 所示为管板焊缝宏观检验试验件照片。管板焊缝宏观检验试验件的焊接试验采用自动 TIG 焊与自动 MIG 焊组合的焊接工艺方法。试验件用于检验这种工艺方法得到的管板焊缝的外观质量、焊缝厚度、焊缝与换热管和管板的熔合质量。焊接过程先采用自动 TIG 焊在换热管与管板接头根部焊接一道，然后进行自动 MIG 焊，能够有效地保证焊缝根部熔合质量，以及焊缝与换热管和管板的熔合质量（图 2-57）。试验中实测自动 TIG 焊焊接一道需要 4min，自动 MIG 焊焊接一道需要 1.5min。大型加氢转化器换热管与管板焊接，如果单一采用自动 TIG 焊，焊接时间约 12min；如果采用自动 TIG 焊和自动 MIG 焊的组合方式，焊接时间约 1.5min。这种组合焊工艺方法大大提高了焊接速度。

表 2-38　主要焊接参数

焊 接 方 法	自动 TIG 焊	自动 MIG 焊
焊材牌号	TG-S50	TG-S50
规格/mm	$\phi 0.8$	$\phi 1.2$
焊接电流 I/A	200~240	180~240
焊接电压 U/V	10~15	15~25
电流种类、极性	DC/SP	DC/SP
送丝速度/(mm/min)	240~300	5000~7000
焊接速度/(mm/min)	60~80	180~220
保护气	Ar	Ar+CO_2
气体流量/(L/min)	10~20	10~20

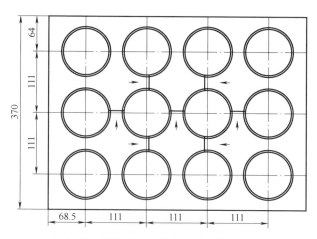

图 2-55　管板焊缝宏观检验试验件示意图

图 2-56 管板焊缝宏观检验试验件照片

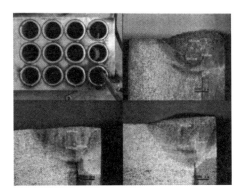

图 2-57 焊缝外观和低倍照片

严格控制换热管外径与管板管孔配合的公差精度。制订技术条件时，应参考 GB 151 中碳素钢、低合金钢I级管束的管孔要求。由于采购时已要求严格控制换热管外径的偏差，外径尺寸呈现较窄的正偏差幅度，实际管板制造时需对管孔的公差带进行微调，使得管孔与反应管外径间隙控制在 0.2~0.55mm 范围内（见表2-39），从而满足装配和胀接的要求。严格控制产品管接头焊接和胀接工序，即当所有穿管工序完成后，先采用定位胀接设备进行管端的预胀。这样一方面可以起到管板与管子的固定作用，另一方面还能避免因管孔和管子间隙太大造成管接头熔敷金属量大，焊缝根部出现未焊透等缺陷。定位胀完成后，采用自动 TIG 管板焊机进行管接头的第一道焊接。在正式产品胀接之前，要求每一个操作人员都须在试板上进行试胀以确保胀接参数的正确性。由于反应管的特殊性，管接头的胀接分为两次，按焊接工艺评定压力胀接第一次，再按稍高于焊接工艺评定压力胀接第二次，防止出现过胀或胀接不足现象。换热管的胀接参数及拉脱力试验结果见表 2-40。

表 2-39　管孔直径及装配间隙的控制精度　　　　单位：mm

代 表 单 位	反应管外径尺寸	管孔尺寸	换热管与管孔装配间隙
合肥通用院	$88.9^{+0.20}_{-0.20}$	$89.5^{+0.30}_{0}$	0.2~0.55
中国一重集团有限公司	$88.9^{+0.20}_{0}$	$89.5^{+0.25}_{+0.10}$	0.25~0.43

表 2-40　换热管的胀接参数及拉脱力试验结果

管板厚度 /mm	换热管规格 /mm	胀接长度 /mm	胀杆长度 /mm	液袋长度 /mm	胀接压力 /MPa	拉脱力 /MPa
80		60	175	46	130	2.45
66	$\phi88.9×3.2$	46	161	30	120	1.95
60		40	155	30	115	1.82

（3）高可靠性的换热管与管板连接接头的无损检测技术　在绝大部分采用强度焊的换热器中，换热管与管板焊接接头的质量最终决定了换热器的使用寿命。制造过程中一般会通过壳程的压力试验以及某些形式的渗漏试验检查换热管与管板焊接接头的强度和致密性。在一些严格的应用场合，还要求进行氦渗漏检测以判断换热管与管板焊接接头的致密性。对于大型换热器来说，氦渗漏检测的程序和过程相当复杂且工作量巨大。为实现换热管与管板焊接接头质量的科学控制，结合国外工程公司经验，对换热管与管板焊接接头进行一定比例的射线检测。射线检测工艺适用于内径≥14mm和壁厚≥1mm的换热管与管板焊接接头。换热管与管板焊接接头射线检测的样本范围和合格准则见表2-41。换热管与管板焊接接头中不允许有裂纹、未焊透、条形夹渣、虫眼、表面空隙和气孔群等焊接缺陷，但允许存在一定尺度的孤立气孔、孤立夹渣和异质金属夹渣等。表2-41中所指的缺陷是指前者，必须通过返修方法加以清除。

表2-41　换热管与管板焊接接头射线检测的样本范围和合格准则

焊接工艺	每块管板的焊接接头数 N	随机样本1的待测接头数量 n_1	样本1的接受度 c_1	样本1的拒绝度 d_1	随机样本2（仅 $d_1>i_1>c_1$ 时允许）的待测接头数量 n_2	样本1+2的接受度 S_c	样本1+2的拒绝度 S_d
自动	≤50	8	0	1	不允许二次取样	—	—
	51～90	13	0	1		—	—
	91～150	20	0	1		—	—
	151～280	20	0	2	20	1	2
	281～500	32	0	2	32	1	2
	501～1200	50	0	3	50	3	4
	1201～3200	80	1	4	80	4	5
	3201～10000	125	2	5	125	6	7
手动	≤50	8	0	1	不允许二次取样	—	—
	51～90	13	0	1		—	—
	91～150	20	0	1		—	—
	151～280	20	0	2	20	1	2
	281～500	32	0	2	32	1	2
	501～1200	50	0	2	50	1	2
	1201～3200	80	1	2	80	1	2
	3201～10000	125	2	3	125	3	4

注：i_1 为检测出的带有缺陷的接头数量。

大型换热器换热管数量很多，质量控制中采用抽样检查方法。根据换热管与管板焊接接头的焊接工艺以及每块管板焊接接头的数量，确定检测的样本数量。对于该数量的焊接接头，按照一定的射线检测工艺进行检测，如果样本数量范围内带有缺陷的接头数量不高于表 2-41 中的接受度数值 c_1，则表示样本具有较好的焊接质量，抽样结束。如果带有缺陷的接头数量达到或超过表 2-41 中的拒绝度数值 d_1，所有相应的换热管与管板焊接接头都应进行 100% 射线检测。如果样本数量范围内带有缺陷的接头数量在 c_1 和 d_1 之间，则需要增加第二个抽样样本。如果两个样本中带有缺陷的接头数量之和不高于表 2-41 中的接受度数值 S_c，则抽样结束。如果两个样本中带有缺陷的接头数量之和达到或超过表2-41中的拒绝度数值 S_d，所有相应的换热管与管板焊接接头都应进行 100% 射线检测。当对数量在 150 以内的换热管与管板的焊接接头进行射线检测时，不允许二次抽样。这种科学的抽样方法和合格准则，节省了无损检测的时间，历经多台换热器制造和使用的成功验证，保证了换热管与管板焊接实践过程的科学性、安全性和经济性的统一。

4. 超大型换热器的轻量化产品应用

通过严格控制原材料质量、零部件加工与管束组装精度、焊接与热处理工艺、制造过程的检验检测等关键环节，合肥通用院成功研制出丁辛醇装置超大型换热器。表 2-42 所列为丁辛醇装置某超大型换热器轻量化前后主要技术参数对比，相比传统转化器，节约金属 20% 以上。目前此类超大型轻量化换热器已应用于天津渤海化工集团有限责任公司（22.5 万 t/年）、山东蓝帆化工有限公司（15 万 t/年）、兖矿国泰乙酰化工有限公司（15 万 t/年）等的丁辛醇装置，设备直径最大已达 5400mm，管板厚度减薄至 40mm，取得了良好的经济社会效益（图 2-58）。

图 2-58　丁辛醇装置超大型换热器应用现场

表 2-42　丁辛醇装置某超大型换热器轻量化前后主要技术参数对比

技 术 参 数	轻 量 化 前	轻 量 化 后
设备规格	外径 DN 4900 换热管 φ88.9mm×4.0mm×6400mm，1551 根 管板厚度 260mm 膨胀节 DN 4900	外径 DN 4900 换热管 φ88.9mm×3.2mm×6100mm，1551 根 柔性管板厚度 80mm 含直边段管板总厚度 191mm 柔性管板与柔性环组合替代膨胀节
设计压力	管程 0.8MPa，壳程 1.0MPa	管程 0.8MPa，壳程 1.0MPa
设计温度	管程 260℃，壳程 190℃	管程 260℃，壳程 190℃
物料名称	管程：工艺气体 壳程：水、蒸汽	管程：工艺气体 壳程：水、蒸汽
换热面积	2573m²	2573m²
设备净重	192.3t	153.3t
节材比例：20.3%		

2.4　奥氏体不锈钢应变强化工艺控制

近年来，随着我国清洁能源战略的实施和低温技术应用的日益普及，液氮、液氧、液氩、液氮、液氢、液化天然气等低温液化气体的需求日趋增长，对深冷容器的需求量快速增加。深冷容器主要由内容器、外容器、绝热层、支座及相关附件等组成。其中，内容器是整台设备的核心部分，设计温度为 -196℃，承受内部盛装的 LN_2、LO_2、LAr 等低温液体介质的压力，其材料常用奥氏体不锈钢。该不锈钢材料性能优良，除了具有良好的耐腐蚀、耐氧化以及韧塑性外，还有良好的低温力学性能。外容器材料一般为低合金钢，内外容器之间以珠光砂等低温绝热材料填充，形成绝热层。

奥氏体不锈钢的屈强比低，按 GB 150 等我国现有压力容器标准要求，其许用应力由屈服强度决定，安全裕量过大，且设计中并未考虑低温对材料的强化作用，因此并未充分利用材料的潜能，造成材料浪费、设备笨重。轻量化技术可以节约材料、降低能耗，符合安全与经济并重、安全与资源节约并重的发展理念，已经成为压力容器的主导发展方向。室温应变强化技术是一种轻量化技术，该技术可以大幅提高奥氏体不锈钢的许用应力，显著减薄容器壁厚，降低重容比，已广泛应用于奥氏体不锈钢制深冷容器的制造。该技术与焊接、热处理等一样，是深冷容器制造过程中的一个工艺环节，没有改变深冷容器的结构和绝热方式，是一种主要针对深冷容器内容器的制造技术。

本节在介绍室温应变强化技术的发展历史、应用现状以及相关标准的基础上，对其强化原理、应变强化对材料的影响规律以及容器的设计、制造、检验等方面进行介绍。

▶▶ 2.4.1　发展历史

室温应变强化最早出现在 20 世纪中叶的欧洲。1956 年，瑞典 Avesta Sheffield 公司开始研制应变强化压力容器，并于 1959 年生产出第一台应变强化产品。1975 年，该技术被纳入了瑞典应变强化压力容器标准 *Cold-stretching Directions*，并于不久之后被德国、芬兰、挪威、荷兰、英国等国家采纳。1969 年，澳大利亚引入该技术并发布了一个应变强化规范，并于 1999 年将该技术以标准增补的形式（AS 1210-Supplement2—1999）纳入澳大利亚标准，2010 年纳入澳大利亚标准 AS 1210—2010 附录。21 世纪初，欧盟将奥氏体不锈钢室温应变强化技术纳入了 EN 13530-2：2002 附录 C 和 EN 13458-2：2002 附录 C。随后，国际标准化组织（ISO）也将应变强化技术纳入了 ISO 20421-1：2006 和 ISO 21009-1：2008。美国在 2008 年将奥氏体不锈钢室温应变强化技术以 Code Case 2596 的形式纳入 ASME 规范，并在 2011 年以附录的形式将其纳入 ASME BPVC Ⅷ-1，随后在 2013 年将该技术纳入 ASME BPVC Section Ⅻ附录。

我国应变强化技术相关研究起步较晚，2003 年后一些单位才陆续开展了深冷容器应变强化技术研究，经过十多年的努力，目前已经攻克深冷容器非线性设计、应变强化工艺、强化参数控制等关键技术，开发了应变强化多任务自动控制系统，成功研制出应变强化奥氏体不锈钢制深冷容器，实现了深冷容器的轻量化，显著提高了我国深冷容器产品的国际竞争力，并于 2017 年发布应变强化技术国家标准 GB/T 18442.7—2017。表 2-43 给出了室温应变强化技术的发展历史。

表 2-43　室温应变强化技术的发展历史

年　　份	相　关　事　件
1956	瑞典 Avesta Sheffield 公司开始研制室温应变强化压力容器
1959	瑞典 Avesta Sheffield 公司生产出世界上第一台室温应变强化压力容器产品
1975	瑞典将室温应变强化技术纳入压力容器标准 *Cold-stretching Directions* 不久后德国、芬兰、挪威、荷兰、英国等国家也采纳了应变强化技术
1999	澳大利亚将室温应变强化技术以标准增补的形式纳入澳大利亚标准

(续)

年　份	相 关 事 件
2002	欧盟将奥氏体不锈钢室温应变强化技术纳入 EN 13458-2：2002 附录 C 和 EN 13530-2：2002 附录 C
2003	浙江大学开始室温应变强化技术研究
2006	ISO 将应变强化技术纳入 ISO 20421-1：2006
2008	美国将奥氏体不锈钢室温应变强化技术以 Code Case 2596 的形式纳入 ASME 规范 ISO 将应变强化技术纳入 ISO 21009-1：2008
2010	澳大利亚将室温应变强化技术纳入 AS 1210—2010 附录
2011	美国将奥氏体不锈钢室温应变强化技术以附录形式纳入 ASME BPVC Ⅷ-1
2013	美国将奥氏体不锈钢室温应变强化技术以附录形式纳入 ASME BPVC Ⅻ
2017	我国应变强化技术国家标准 GB/T 18442.7—2017 发布

2.4.2　强化原理及其实现方式

1. 室温应变强化

室温应变强化原理是在室温下给奥氏体不锈钢施加超过屈服强度的特定载荷后卸载（卸载后残余部分塑性变形），当再次加载时材料屈服强度得到一定程度的提高。如图 2-59 所示，当奥氏体不锈钢材料承受一个大于屈服强度 $R_{p0.2}$ 的拉伸应力 R_k 并卸载后，会产生一段永久的塑性变形 OC；当再次加载时，应力应变关系将沿着卸载曲线 CB 弹性上升直至应力超过 R_k，从而提高了材料的屈服强度和屈强比。

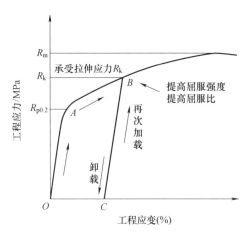

图 2-59　应变强化原理图

奥氏体不锈钢的屈强比低、塑性优良，经固溶处理后的奥氏体不锈钢断后伸长率通常超过35%。因此，虽然应变强化和低温都会削弱其韧塑性，但应变强化后的奥氏体不锈钢在低温下仍能保持良好的力学性能。

▶ 2. 低温强化

深冷容器至少需要考虑室温下的耐压试验工况和深冷温度下的操作工况，这两种工况下奥氏体不锈钢的力学性能差异很大。以 S30408 为例（图 2-60），从室温至液氮温度下奥氏体不锈钢拉伸力学行为可知，随着温度的降低，奥氏体不锈钢的强度提高，塑性有所下降，材料应力应变关系曲线逐渐由抛物线形向"倒 S"形转变，温度降低到一定程度后，出现明显的屈服平台。液氮温度下材料的强度明显提升，抗拉强度约为室温下的 2 倍，强度裕度也约为室温下的 2 倍。

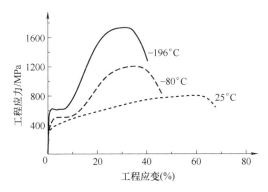

图 2-60　奥氏体不锈钢 S30408 的力学性能曲线

▶ 3. 内容器强化方式

根据室温应变强化原理，在室温下使用洁净水对成形后的奥氏体不锈钢制深冷容器进行超压处理，使容器内部达到特定的压力（即强化压力），在强化压力下保压一定时间，内容器整体会产生较为明显的塑性变形和鼓胀，待内容器变形趋于稳定后卸载，从而完成内容器的应变强化，在工程应用中可达到提高屈服强度的目的。

▶ 4. 材料预拉伸方式

与传统的压力容器不同，应变强化时内容器将发生塑性变形。为了研究应变强化对材料性能的影响，在材料选取及焊接工艺评定中引入了试样预拉伸，以模拟内容器在应变强化过程中发生的塑性变形。

常用的预拉伸方式有应力控制和应变控制两种，如图 2-61 所示。美国主要采用应力控制的方式，即将试样按一定速率加载到强化应力并保持至试样变形稳定；欧盟采用应变控制的方式，将试样按一定速率拉伸至9%总应变；我国则同时采用了两种控制方式，并进一步对预拉伸细节做了规定。两种控制方式有所不同，以S30408为例，通过对比研究两种预拉伸方式可知，采用应变控制方式将获得更大的试样预变形，对于焊接评定而言，应变控制对材料力学性能的要求更为严格，若应变控制下的性能满足要求，则应力控制下的性能也同样满足，反之则不然。从工程应用的角度，应变控制更节省时间，且易于操作。

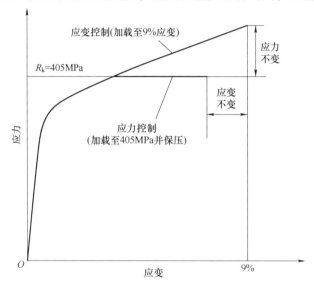

图 2-61　两种预拉伸方式示意图

2.4.3　强化应力确定方法

强化应力是指奥氏体不锈钢制内容器在室温下进行应变强化处理时，容器顶部所达到的最高应力值。各国对强化应力的确定方法不同：欧盟标准 EN 13458-2：2002 附录 C 中规定，强化后奥氏体不锈钢的屈服强度（即强化应力 R_k），不得超过材料原屈服强度 $R_{p0.2}$ 加上 200MPa；ASME BPVC Ⅷ-1：2011 的附录中直接规定了强化后奥氏体不锈钢的许用应力，没有给出强化应力具体的确定方法，如其规定 304 奥氏体不锈钢强化后的许用应力为 270MPa；澳大利亚标准 AS 1210—2010 附录 L 中规定，强化后的材料屈服强度与抗拉强度之比应小于 0.8；我国国家标准 GB/T 18442.7—2017 也未对强化应力做规定，而是直接给出了应变强化后钢板的许用应力，同时规定了强化压力为计算压力的 1.5 倍。关于强化应力确定方法的研究，马利等人提出了基于材料真实应力-应变曲线的 R_k 确定方法，通过控制强化过程中应力增量与应变能增量的比值，使应力增量尽可能大，同时为保留足够的塑性使应变能增量尽可能小，从而获得合适的强化应力。

2.4.4 应变强化对材料性能的影响

1. 常规力学性能

奥氏体不锈钢具有优良的韧塑性，GB/T 24511—2009《承压设备用不锈钢钢板及钢带》规定奥氏体不锈钢 S30408 材料的断后伸长率不低于40%，屈服强度 $R_{p0.2}$ 不低于 205MPa，抗拉强度不低于 520MPa；而 GB/T 24511—2017《承压设备用不锈钢和耐热钢钢板和钢带》将 $R_{p0.2}$ 最小值提高到了 220MPa。对于奥氏体不锈钢 10mm×10mm×55mm 的标准冲击试样在-196℃下的低温冲击吸收能量，EN 10028-7：2008 *Flat Products Made of Steels for Pressure Purposes-Part* 7：*Stainless Steels* 规定其母材冲击吸收能量不低于60J。

为了分析应变强化对材料力学性能的影响规律，国内开展了大量关于奥氏体不锈钢材料与焊接接头的室温拉伸、室温弯曲、低温冲击、低温拉伸等试验研究，如针对 6~25mm 厚度范围的奥氏体不锈钢 S30408，开展了母材、焊接接头及应变强化后焊接接头的屈服强度、抗拉强度、断后伸长率和低温冲击吸收能量、侧膨胀值等的试验测试，结果表明：预拉伸9%以内时，母材室温断后伸长率仍超过25%，-196℃下焊接接头冲击吸收能量高于31J，应变强化后的奥氏体不锈钢性能良好。预拉伸后焊接接头力学性能合格指标见表2-44。

表 2-44 预拉伸后焊接接头力学性能合格指标（摘自 GB/T 18442.7—2017）

室 温 拉 伸		
材料牌号	抗拉强度 R_m/MPa	断后伸长率 A（%）
S30408、S31608	≥520	≥25
S30403、S31603	≥490	
冲 击 试 验		
材料牌号	试样规格/mm	夏比冲击吸收能量/J	侧膨胀值/mm
S30408、S30403、S31608、S31603	10×10×55	≥31	≥0.53
	7.5×10×55	≥24	
	5×10×55	≥16	
室 温 弯 曲		
弯曲试验的弯头直径为 4 倍试样厚度，弯曲角度 180°时拉伸面无裂纹为合格		

注：侧膨胀值合格指标均为规定的最小值。

▶▶ 2. 微观组织

奥氏体不锈钢在进行预拉伸时，微观组织会发生显著变化。以常用奥氏体不锈钢 S30408 为例，S30408 层错能较低，稳定性较差，在室温下是一种亚稳态的奥氏体组织。材料在低于形变诱发马氏体相变临界温度 M_d 时，受到预拉伸给予的机械驱动力，奥氏体组织会向马氏体组织转变，其相变顺序一般为 γ 奥氏体相→ε 马氏体相→α′ 马氏体相，或者直接由 γ 奥氏体相转变为 α′ 马氏体相，也可能为 γ 奥氏体相→形变孪晶→α′ 马氏体相。其中 γ 奥氏体相是面心立方结构，强度低、韧塑性好；ε 马氏体相是密排六方结构，数量少，且随着应变的过程逐渐消失；α′ 马氏体相为体心立方结构，脆性高，强度高。因此，在马氏体相变影响下，预拉伸后材料的强度得到提升。在位错运动方面，预拉伸属于单调加载，能够增加位错密度、增大位错运动阻力、有效提高材料强度。在预拉伸过程中，材料内部晶粒逐步发生滑移并易先形成单滑移线；随滑移线增多和密度增大，逐渐形成不同方向的滑移线。滑移线交界处易形成位错塞积缠结，阻碍位错继续运动；位错滑移在宏观上呈现出塑性变形。预拉伸完毕卸载时，位错组态保留下来，宏观上表现为材料屈服强度的提高。

▶▶ 3. 耐蚀性

对应变强化奥氏体不锈钢耐蚀性的研究表明，在 10% 的应变范围以内，应变强化对于其耐蚀性的影响很小。在氧化性介质（浓度为 65% 的沸腾 HNO_3 溶液）和非氧化性介质（沸腾的 $2\%H_2SO_4+3\%Na_2SO_4$ 溶液）中，10% 的应变强化对于材料的耐均匀腐蚀和晶间腐蚀性能几乎没有影响；在酸性（$10\%FeCl_3$）和中性 $[4\%NaCl+2\%K_3Fe(CN)_6]$ 氯化物溶液中，10% 的应变强化也未对材料的点蚀敏感性产生明显影响。关于应变强化奥氏体不锈钢 H_2S 环境耐蚀性研究认为，S30403 的应力腐蚀开裂敏感性高于 S31608，且 25℃ 和 -196℃ 条件下的预拉伸对 S30403 不锈钢的耐 H_2S 腐蚀性能影响不明显，整体耐蚀性随着预拉伸量的增加会略微降低。

▶▶ 2.4.5 深冷容器设计

▶▶ 1. 内容器强化过程的非线性设计

深冷容器内容器在应变强化过程会发生整体塑性变形，内容器一般都会产生明显的鼓胀，从而对大开孔、加强圈等结构附件的应力应变状态，以及绝热空间、内外容器的装配等造成影响。

各国标准针对整体变形和局部应变给出了一定程度的描述和经验，在此基础上，一些研究综合考虑了材料非线性、几何非线性和接触非线性等影响因素，建立了容器应变强化过程的非线性力学分析模型，提出针对应变强化容器的设计方法，揭示结构附件应力应变状况的演化规律，并通过工业规模的容器应变强化试验与应变测试验证了容器的鼓胀现象与应力应变集中状况，以及非线性设计方法的可行性。研究结果对结构附件的设计提出了若干建议，如开孔设置、加强圈焊接等，其中部分建议被国家标准 GB/T 18442.7—2017 采纳。

▶ 2. 容器爆破失效

应变强化对容器爆破失效压力的影响也是值得关注的重要问题。从 20 世纪 50 年代开始，针对压力容器静载下失效压力的预测，先后提出了极限分析理论及其上、下限定理，并围绕材料的屈服阶段对失效压力的影响开展了系列研究。对于韧性较好的材料，其失效模式通常以整体塑性垮塌为主，若材料韧性不足或由于结构复杂而在容器局部区域存在过度的应变集中，则可能会导致容器因局部过量变形而失效，此时若再采用塑性极限载荷预测就会高估压力容器的实际失效压力。

我国科研人员提出了压力容器静载失效压力预测的"双判据"算法，建立了基于塑性垮塌和局部变形失效两种失效模式的压力容器失效压力预测技术，分别引入弧长法和损伤参数 D 来计算失效压力，并通过大规模试验研究，验证了该预测技术的可行性。研究结果认为，应变强化对容器的爆破压力影响很小，强化后的容器在室温下的安全裕度（爆破压力与设计压力比值）位于 2.09 ~ 2.49 之间，考虑材料的低温强化效应（奥氏体不锈钢在−196℃下的抗拉强度可达室温抗拉强度的 2 倍）后，强化后容器在−196℃下的安全裕度达到 4.18 ~ 4.98。其他研究也获得了安全裕度足够、强化不影响塑性垮塌载荷等类似结论。

▶ 3. 室温疲劳与深冷疲劳

（1）室温疲劳 目前，国内外相关标准中还没有针对应变强化深冷容器的疲劳设计曲线。澳大利亚标准 AS 1210—2010 附录 L 对应变强化移动式深冷容器的疲劳设计提出了要求，使用的是未经室温应变强化处理的材料疲劳设计曲线。大多数奥氏体不锈钢材料的室温疲劳试验表明，在低周疲劳范围内，应变强化提高了材料的疲劳寿命，并对容器的室温疲劳寿命具有增益作用。这说明现有的疲劳设计曲线可以用于应变强化深冷容器的疲劳设计。但也有研究表明，应变强化使奥氏体不锈钢疲劳寿命有所下降。

（2）深冷疲劳 材料深冷疲劳性能的试验测试比室温下的更难实现。一些学者针对不同牌号的奥氏体不锈钢（304、304L、310L、316L 等）开展了不同低温范围（含−196℃、−269℃等）下的低周疲劳行为研究，部分研究观察到了低温疲劳抗性在高寿命区更高的现象，并给出了 S-N 曲线；针对 S30408 奥氏体不锈钢开展了系列的深冷疲劳测试，在获得−196℃环境下 S-N 曲线的基础上，采用 ASME 规范的方法，修正得到了 77K 下的疲劳设计曲线（图 2-62）。

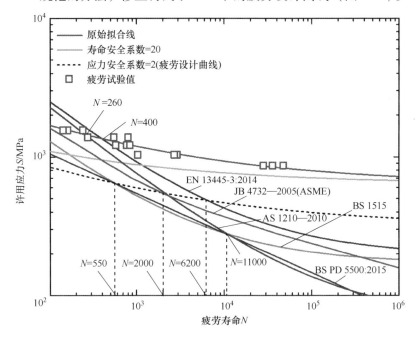

图 2-62　深冷疲劳设计曲线与标准疲劳设计曲线对比

目前国内外标准中关于压力容器的疲劳设计曲线，均未引入深冷对材料疲劳性能的影响。欧盟标准认为，当材料满足一定条件时可采用室温设计方法进行深冷下的疲劳设计。对于奥氏体不锈钢制深冷容器而言，采用室温疲劳设计方法设计可能过于保守。关于室温应变强化对奥氏体不锈钢低温疲劳的影响，一些研究发现室温应变强化给深冷疲劳性能带来的增益作用非常有限，但提高应变强化的程度能使此增益作用更为明显。

▶ **4. 筒体外压稳定性**

应变强化容器除了主要承受内压载荷外，还可能受到一定的外压载荷。在压应力作用下，容器可能会发生屈曲失效。应变强化容器在进行氦致密性检测、真空绝热夹层气压或气密性试验以及绝热空间通入氮气置换水汽等情况下承受外压载荷，因此应变强化容器必须进行外压设计校核。

应变强化工艺对容器外压稳定性的影响主要体现在以下几方面：外压稳定

性对于不圆度等形状缺陷特别敏感，应变强化使容器鼓胀趋圆，几何形状得到改善，一定程度上提升了外压稳定性；外压稳定性与容器径厚比紧密相关，应变强化使得容器有效壁厚减薄、直径增加，导致外压稳定性有所降低；应变强化提升了材料的屈服强度和弹性段，可能有助于提升容器外压稳定性。多种因素的耦合作用使得应变强化容器的外压稳定性问题变得复杂。

EN 13458-2：2002 的附录 C 指出，在应变强化容器外压设计时，考虑到应变强化过程对容器形状的改善作用，可选用较低的安全系数；对于圆柱薄壳，安全系数可由原来的 3 调整至 2。现行其他应变强化标准仍按常规方法进行外压设计，并未考虑应变强化过程对容器外压稳定性的影响。我国科研人员通过考虑强化影响的非线性屈曲有限元分析和试验验证，发现含初始不圆度的容器强化后的屈曲载荷提高，外压稳定性增强，应变强化过程可改善容器圆度，提高容器制造过程中壳体初始不圆度的最大允许值，应变强化前后屈曲载荷与初始不圆度的关系如图 2-63 所示。鉴于强化前薄壁圆柱形容器外压稳定性安全系数过于保守，提出了针对应变强化容器的外压设计方法，建议将稳定性安全系数从 3 调整为 2。

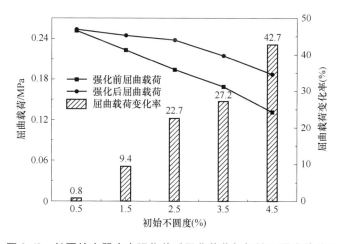

图 2-63　长圆筒容器应变强化前后屈曲载荷与初始不圆度的关系

▷▷ 5. 应变强化深冷容器结构设计

（1）固定式深冷容器　深冷容器内容器在应变强化后通常会出现整体鼓胀与变形。容器应变量的大小与板材厚度、轧制程度、化学成分、热处理状态、厚度附加量、强化应力等诸多因素有关，实际生产中的产品最大环向应变多在 0.5%~5.5% 之间。应变强化后，内容器的直径、容积都会有所增大，容积增大率可能会达到10%，对内外容器的组装、容器充装量的确定等造成影响。由于产生了明显的鼓胀和变形，国家标准 GB/T 18442.7—2017 在结构设计中专门针对应变强化的特点提出了要求，如要求内容器 A 类、B 类焊接接头采用全焊透对接接头（除最后一道封闭环焊缝外）、加强圈拼接焊缝采用全截面熔透焊接接头、加强圈与筒体之间的焊缝采用双面连续焊接等。国家标准同时还要求，在结构设计时应考虑由于内容器塑性变形对容器低温绝热性能、外壳安装及管路系统产生的影响。

（2）移动式深冷容器　移动式深冷容器结构和受力状态比固定式深冷容器更为复杂，在采用应变强化技术时需考虑更多因素。团体标准 T/CATSI 05001—2018《移动式真空绝热深冷压力容器内容器应变强化技术要求》针对移动式应变强化容器的结构设计，提出了相应要求。例如：在结构方面，要求内容器的结构尽量简单并减少约束，尽量避免结构形状突然变化，并要求在设计溢流口位置、罐体套装、低温绝热性能及管路系统时，考虑内容器塑性变形和直径增大产生的影响；在焊接方面，除了和固定式容器的要求类似外，还对具有移动式容器特征的焊接连接做了相关要求，如要求垫板与内容器壳体的连接采用连续焊接。

针对夹层支撑结构的设计，标准提出应综合考虑内容器和支撑结构的强度、刚度、绝热性能、套装条件和移动式深冷容器的使用工况等因素，以及支撑结构对内容器应变强化的影响，选择合适的夹层支撑型式，并推荐了两端轴向支撑、吊带与裙座的组合支撑、多点径向支撑、吊带和撑杆组合支撑四种内容器典型支撑型式。应变强化移动式深冷容器在运输过程中需承受频繁的外部冲击和内部流体晃动的流固耦合冲击作用，这种冲击作用以低温罐箱铁路工况最为显著。国际标准化组织已将铁路冲击试验纳入 ISO 1496 标准系列，虽然我国标准仍采用将动力学问题转化为静力学问题的传统方法，但已有研究建立了基于冲击载荷谱判断冲击环境有效性的算法和动力学仿真模型，有效预测了铁路碰撞的试验结果，并在此基础上给出了应变强化深冷容器防波板和支撑结构的优化建议。

2.4.6　深冷容器制造与检测

1. 内容器封头成形

应变强化深冷容器多采用标准椭圆形封头，其性能好坏直接影响容器的安全性。研究发现，对于亚稳态奥氏体不锈钢制封头，其失效多与直边段马氏体含量较高有关。马氏体相变使得材料塑性、韧性降低，主要由封头冲压过程的材料形变诱发生成，应变强化过程对其产生的影响很小。形变诱发马氏体主要受材料化学成分、应变量、变形温度等因素影响，可通过以下三个方面来降低封头冲压过程中的马氏体相变。

（1）材料选用　镍作为奥氏体稳定化元素，能有效遏制奥氏体的马氏体相变。对于奥氏体不锈钢，随着镍含量的提高，冷变形过程中生成的形变诱发马氏体量减少，马氏体转变开始温度 Ms 降低，低温下奥氏体组织稳定性提高。奥氏体不锈钢 316 系列比 304 系列镍含量更高，冷变形过程组织更稳定，不易发生形变诱发马氏体相变，选用 S31608 或 S31603 奥氏体不锈钢可提高封头的安全性。

（2）冲压引起的塑性应变　国内基于奥氏体不锈钢 S30408 制标准椭圆形封头冷冲压过程数值模拟与大量试验研究，提出了塑性应变预测公式，并针对 GB/T 25198—2010《压力容器封头》中不同规格标准椭圆形封头（公称直径从 350~3000mm，名义厚度从 5~32mm，共计 50 个），与国外标准中计算公式进行塑性应变预测比较，如图 2-64 所示。所提出的预测方法平均相对误差为 1.0%，最大相对误差为 20.8%，数据波动范围最小，预测结果更为准确，进而通过涵盖 S30408、Q235B、16MnDR 等多种典型材料的封头冷冲压过程研究，给出了更为通用的封头塑性应变预测公式。

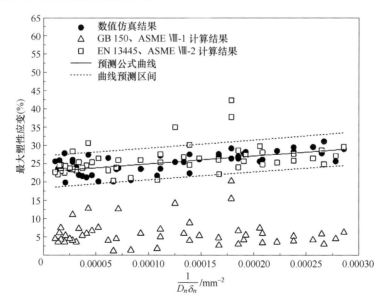

图 2-64　不同预测方法的计算结果

（3）温成形　形变诱发马氏体量随冲压温度的升高而降低，适当提高冲压过程中板料的温度可降低成形后封头的马氏体含量。对于S30408材料，其热冲压工艺加热温度为950~1050℃，生产成本过高，因此相对于冷冲压和热冲压，温冲压是一种有效减少形变诱发马氏体相变的加工工艺。研究发现相对于冷冲压封头，当温冲压温度高于90℃时，能够显著抑制材料的形变诱发马氏体相变，降低马氏体含量，有效提高直边段材料的低温韧性。

2. 应变强化工艺

国内外标准对于应变强化工艺的具体规定基本相同。根据我国GB/T 18442.7—2017要求：应变强化升压阶段应缓慢，当压力升到强化压力后进行保压，保压过程中每隔不超过5min重复测量每个可能产生最大变形的截面的周长，并计算该处周长应变。当同时满足下列两个要求时，可以停止保压，开始卸压：①保压时间不小于1h；②最后30min内的最大周长应变率不超过0.1%/h。国家标准同时还注释：对于直径不超过2000mm的内容器，如果最后15min内满足最大周长应变率不超过0.1%/h的要求，则内容器的强化时间可缩短至不小于30min。

室温应变强化过程中，加压速率和保压阶段的压力稳定性均对容器的塑性变形有显著影响。为了使容器得到充分变形，需要严格控制加压速率和强化压力。通常用于液压试验的加压系统，往往没有加压速率和压力自动控制功能，不适用于应变强化。我国科研人员开发了深冷容器应变强化多任务自动控制系统，实现了应变强化容器生产过程的全自动多任务控制与应变检测，满足了不同设计参数容器同时强化的控制要求，基于应变强化过程的室温蠕变特性提出了保压时间预测方法和优化的周长监测方法。在此基础上，基于互联网信息技术将系统与国家应变强化深冷容器制造信息公共服务平台对接，实现强化试验信息和数据的实时上传。

3. 强化后容器的应力水平

奥氏体不锈钢制内容器的许用应力是按照强化后材料室温屈服强度除以安全系数确定的，但这并不意味着要将强化后的屈服强度作为容器强化后奥氏体不锈钢拉伸试验的合格指标。实际上，内容器在强化压力下其应力有时达不到410MPa（如S30408不锈钢）。最适合采用室温应变强化技术的是壁厚均匀、承受均匀拉伸薄膜应力的无开孔薄壁球形容器。实际情况中，容器各部位的厚度及结构往往存在差异，不同部位（如筒体和封头、接管和封头的连接处）的强化程度也有所不同，低应力区域的强化程度低，强化后材料的屈服强度小。但这并不影响容器的安全性，因为容器中强化程度低的区域，实际使用中应力水平也低。对于大开孔、加强圈、防波板、垫板等结构附件，内容器成形后这些区域虽然会呈现一定程度的应力应变集中，但在内容器应变强化处理后，这些区域内的应力得到了再分布，应力水平得到了改善，承载力则有所提高。

4. 内容器无损检测要求

相比于常规深冷容器，应变强化深冷容器在强化过程中会产生较大塑性变形，需对焊接质量和无损检测提出更高要求。一方面，对强化前的无损检测提出更严格的要求，如 EN 13458-2：2002 附录 C 中规定，对于壁厚发生变化以及焊接接管等在强化过程中会产生高应力应变集中的部位，强化前必须进行渗透检测。另一方面，在容器强化后须再进行无损检测，如 ASME BPVC Ⅷ-1：2011 的附录中规定，强化后对所有 A 类和附件焊接接头进行渗透检测；AS 1210—2010 附录 L 中则规定，在局部应变可能超过 5% 的可测量部位进行渗透检测。

我国标准 GB/T 18442.7—2017 规定了应变强化实施前、过程中及实施后的无损检测要求，如实施前需要对内容器所有 A 类、B 类焊接接头进行 100% 射线检测，内容器 A 类、B 类、D 类、E 类焊接接头及加强圈与内容器的角接焊接接头等应力集中的部位应进行 100% 渗透检测，超标缺陷返修后应按原检测要求和合格级别进行重新检测和评定；应变强化实施后无损检测细则也对带垫板的封闭焊接接头、丁字焊缝、T 形焊缝及超标缺陷返修等做了具体规定。

5. 强化过程的监督检验

在对成形内容器实施室温应变强化工艺的过程中，内容器的内压会逐渐升高，内容器开始逐渐鼓胀，结构开始发生变化：一方面，筒体不同位置的周长会发生不同程度的增大，通常情况下筒节中部的周向应变会较大，筒节上被约束部位（如筒节边缘、加强圈焊接处）的周向应变会较小；待升压至强化压力并开始保压后，周向应变的应变率开始逐渐减小。另一方面，容器壁厚也有一定程度的减小。内容器直径增大和壁厚减薄的程度与多种因素有关。我国标准 GB/T 18442.7—2017 在附录 A 中对应变强化内容器制造过程中重要质量控制点做出规定，要求强化过程应严格按照经验证合格的强化工艺要求进行，且强化工艺要求应满足该标准附录 E 的规定；同时升压速率及最后 15~30min 内最大周长变化速率的控制要求也应符合该标准附录 E 的规定。

2.4.7 应变强化工艺优势

室温应变强化技术具有很强的轻量化优势。与 GB 150 规定相比，采用室温应变强化技术后，材料的许用应力提高率为 83.1%~128.5%，奥氏体不锈钢制深冷容器内容器的壁厚可以减薄一半左右，重量显著减轻，容积增加 2% ~ 10%，重容比可降低达 50%，显著提高了产品的竞争力。此外容器壁厚的显著减薄，还可减少深冷容器制造过程中焊接和成形的能量消耗，降低材料生产过程中二氧化碳的排放，充分体现出绿色制造理念。

2.5 碳纤维复合材料应用

碳纤维复合材料具有重量轻、比强度/比刚度大、可设计性强、耐腐蚀等优点，适用于新能源汽车、航空航天、船舶等领域对压力容器重量有苛刻要求的场合。

▶▶ 2.5.1 复合材料压力容器概述

复合材料压力容器大多由双层结构组成。内层为内衬结构，主要起密封作用，防止内部储存的高压气体或液体泄漏，保护外层的纤维缠绕层不受内部储存物质的腐蚀；外层为树脂基体增强的纤维缠绕层，主要用于承受压力容器中的绝大部分（75% ~ 95%）压力载荷。典型的复合材料压力容器结构如图 2-65 所示。

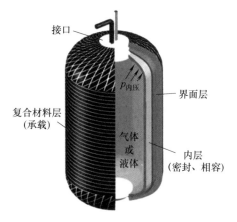

图 2-65　典型的复合材料压力容器结构

复合材料压力容器具有重量轻、比强度高、比模量高的特点，并拥有以下优点：①可靠性高，金属材料的疲劳破坏通常是没有明显预兆的突发性破坏，而复合材料中的纤维与基体组合既能有效地传递载荷，又能阻止裂纹的扩展，呈现渐进破坏的特征；②安全性好，复合材料中的大量增强纤维，使得材料过载致少数纤维断裂时，载荷会迅速重新分配到未被破坏的纤维上，使整个结构在短期内不至于失去承载能力；③耐候性和耐蚀性好，无须特殊处理即能满足耐酸碱的要求。

复合材料压力容器与金属压力容器相比，能够显著减轻重量。何时选用复合材料压力容器，需要综合容积和工作压力进行分析。图 2-66 所示为不同容积和工作压力情况下的压力容器重量分布情况统计图。从图中可以看出，随着容积和工作压力的变化，金属压力容器和复合材料压力容器的重量存在临界值。当工作压力越高、容积越大时，复合材料压力容器相比金属压力容器的轻量化优势越明显。

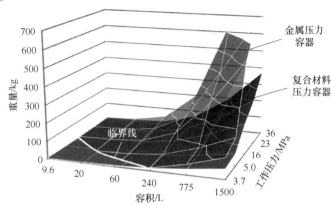

图 2-66　不同容积和工作压力情况下的压力容器重量分布情况统计图

复合材料压力容器的发展周期跟随着新材料的发展脚步，按照内衬和缠绕层材料情况可分为五代：第一代，20 世纪 50 年代复合材料压力容器诞生，材料为玻璃纤维/橡胶内衬（即 I 型瓶）；第二代，20 世纪 60 年代出现玻璃纤维/金属内衬复合材料压力容器（即 II 型瓶）；第三代，20 世纪 70 年代出现芳纶纤维/金属内衬复合材料压力容器（即 III 型瓶）；第四代，20 世纪 80 年代出现碳纤维/金属内衬复合材料压力容器（即 IV 型瓶）；第五代，进入 21 世纪出现无内衬复合材料压力容器（即 V 型瓶，全复合材料压力容器）。

▷▷ 2.5.2　复合材料压力容器材料体系

复合材料压力容器的主要承载部分是外部纤维缠绕层，增强纤维材料的选取对复合材料压力容器有直接影响。复合材料压力容器常用的增强纤维材料包括碳纤维、芳纶纤维、玻璃纤维等。相比于芳纶纤维、玻璃纤维，碳纤维具有更高的比强度和比模量。随着碳纤维性能的提高及成本的降低，性能优越的碳纤维与金属或非金属内衬制造技术结合，使得重量轻、可靠性高的碳纤维复合材料压力容器生产变为现实。

▷▷ 1. 碳纤维

碳纤维是纤维状，由有机纤维原丝在 1000℃ 以上的高温下碳化形成，是碳的质量分数在 95% 以上的高性能纤维材料。碳纤维主要具备以下特征：①密度小、重量轻，碳纤维的密度为 $1.7 \sim 2 \text{g/cm}^3$，大于其他高性能的有机纤维，相当于钢密度的 1/4、铝合金密度的 1/2；②强度、弹性模量高，其强度比钢大 $4 \sim 5$ 倍，弹性模量比铝合金高 $5 \sim 6$ 倍，高强度碳纤维的拉伸强度和弹性模量更高；

③热膨胀系数小，导热系数随温度升高而下降，耐骤冷且高温性能好，即使从几千摄氏度的高温突然降到常温也不会炸裂，在3000℃非氧化气氛下不熔化、不软化，在液氮温度下不脆化；④碳纤维尺寸稳定，刚性好，且摩擦系数小，耐磨性好；⑤耐蚀性好，碳纤维对酸呈惰性，能耐浓盐酸、硫酸等多种强酸侵蚀。

国际上往往采用大丝束碳纤维，以充分发挥大丝束碳纤维的力学性能优势，降低材料和制造工艺成本。国外大丝束碳纤维厂家有美国Zoltek、德国SGL、日本Mitsubishi等，快速固化黏结剂厂家有美国Huntsman等。国内仅上海石化等极少数厂家具备大丝束碳纤维批产能力，但其强度和弹性模量等指标尚不能完全满足70MPa储氢瓶低成本、高储氢密度要求，北京化工大学等开展了快速固化黏结剂开发及碳纤维缠绕设计前期研究。以日本东丽公司T700和T1000为代表的碳纤维是目前市场主要采用的增强材料，凭借其显著的性能优势，在复合材料压力容器中得到广泛的应用。典型碳纤维材料有T300、T700、T800和T1000等系列，其密度、拉伸强度和弹性模量等的性能比较见表2-45。

表2-45　典型缠绕碳纤维材料的性能比较

纤维类型	密度/(g/cm^3)	拉伸强度/MPa	弹性模量/GPa
T300	1.76	3530	230
T700	1.80	4900	230
T800	1.81	5490	294
T1000	1.80	6370	180

▶▶ 2. 树脂基体

在纤维缠绕复合材料压力容器中，基体材料起黏结和固定纤维的作用，以剪切力的形式向纤维传递，并保护纤维免受外界环境的损伤。纤维与树脂体系匹配的好坏直接影响缠绕成型工艺和容器的性能。对基体而言，不仅要对纤维有良好的浸润性和黏结性，而且要具有一定的塑性和韧性，固化后有较高的强度、模量和与纤维相适应的延伸率等；同时，还要具有良好的工艺性，主要包括流动性、浸润性、成型性等。常用的基体材料包括环氧树脂、酚醛树脂、聚酰亚胺树脂等。

最佳树脂体系应具备两个条件：一是树脂基体固化物的性能满足设计要求；二是缠绕工艺性能好，以保证纤维与树脂浸润性好，纤维分布状态好，进而保证最终制品的性能好。选择缠绕用树脂基体时通常应遵循以下原则：根据设计中的性能要求确定树脂及固化剂的类型；复配后的树脂液体黏度应控制在

400mPa·s以下，最好在250mPa·s以下，而且液体的温度不得超过50℃，最好低于40℃；复配后的树脂液体在缠绕工艺温度下的使用期应大于8h，即复配后的树脂液体在8h之内不发生明显的化学反应，黏度几乎不变；树脂复配液中不能加入惰性低分子稀释剂或增韧剂等助剂；选用的树脂及固化剂应毒性小，使用安全，易于操作，不易燃易爆；原材料的来源可靠、质量稳定。

▶ 3. 内衬材料

复合材料压力容器内衬材料一般采用金属和非金属材料。常用的金属内衬材料包括 Monel 合金、铝合金、不锈钢和钛合金等。对于高循环寿命应用的压力容器宜采用较高屈服强度的材料，如钛合金、不锈钢等，工作时内衬应变处于弹性范围。对于低循环寿命应用的压力容器宜采用铝合金或纯钛超薄内衬，工作时内衬应变处于塑性范围。另外，还应考虑成形、重量、制造费用等技术因素，以及针对不同介质选择相应的内衬材料，以保证两者的相容性。如对于储氢压力容器，由于氢的渗透能力强，在高压状态下极易发生渗透，需要考虑内衬材料的氢脆特性，因此多采用铝合金或不锈钢材料。

非金属内衬材料一般包括橡胶内衬、塑料内衬等。在相同厚度的情况下，虽然橡胶、塑料材料与金属材料相比具有密度小、重量轻，且材料成本低、耐腐蚀、疲劳性能好等特点，但是非金属材料内衬结构具有以下缺点：压力容器在充放气过程的温度变化，容易导致塑料和橡胶材料老化，力学性能下降，使得内衬材料变脆失稳而逐渐破裂；采用塑料和橡胶内衬的压力容器在使用过程中受到的冲击损伤，比金属内衬更为敏感，更容易导致容器冲击破裂失效；塑料和橡胶材料的气体渗透率大，需要进行材料改性处理以满足复合材料压力容器对气密性的要求。一般来说，金属内衬的氦泄漏率比橡胶和塑料内衬材料低很多，见表 2-46。

表 2-46　金属和非金属内衬的氦泄漏率比较

内 衬 类 型	橡 胶 内 衬	塑 料 内 衬	铝合金内衬
材料密度/(g/cm^3)	0.92~1.0	0.97	2.67
氦泄漏率/$(Pa·cm^3/s)$	10	10^{-2}	10^{-5}

以Ⅳ型储氢瓶为例，其塑料内胆多采用高密度聚乙烯或尼龙材料，以吹塑、滚塑、注塑+挤出+焊接工艺制造。例如：日本丰田采用改性尼龙材料，以注塑+激光焊接工艺制造车载瓶内胆；荷兰 NPROXX 公司采用注塑+挤出+焊接工艺制造集装箱管束内胆；美国 Quantum、法国 Mahytec 公司掌握了塑料内胆防屈曲设计、内胆-瓶阀座连接组件的专利设计技术；合肥通用院联合北京化工大学、浙江工业大学、山东通佳机械有限公司等单位开展聚合物改性与成型、压力容器

防屈曲设计等方面的研究，开发高密度聚乙烯Ⅳ型瓶内胆。

2.5.3 碳纤维复合材料压力容器设计

1. 复合材料压力容器失效模式

碳纤维复合材料压力容器的失效模式主要包括：①气瓶整体失效，主要涉及挠曲变形、碰撞磨损、周向扭转导致端部失效、事故工况下火烧破坏等情况；②碳纤维层失效，主要包括纤维断裂、基体开裂、界面脱粘和分层、复合材料老化等（图 2-67）；③内衬失效，主要为鼓包、屈曲和开裂等（图 2-68）；④瓶口结构失效，主要为密封破损致泄漏、连接稳定性差致阀体疲劳开裂。

图 2-67　容器碳纤维层失效

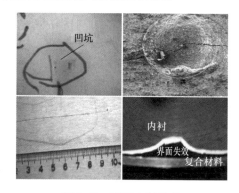

图 2-68　容器内衬失效

对于塑料内胆碳纤维缠绕储氢瓶，由于塑料内胆刚度小且氢易渗透，在高压、临氢、频繁充放气等苛刻条件下易产生内胆屈曲等失效（图 2-69），导致氢泄漏甚至爆炸。美国、日本等研究发现内胆屈曲与压降速率及内胆材料渗透率有关。国内合肥通用院、北京化工大学等单位开展高压氢环境Ⅳ型瓶材料相容性测试，积累材料基础性能数据。

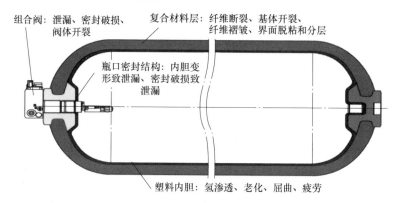

图 2-69　塑料内胆碳纤维缠绕储氢瓶主要失效模式

▶ 2. 复合材料压力容器结构设计

日本、美国、挪威、法国等较早开始研究复合材料高压气瓶设计制造技术，实现了不同应用场景下Ⅱ、Ⅲ、Ⅳ型储氢瓶系列化设计制造，如法国 Mahytec 公司开展了内胆防屈曲和复合材料铺层设计研究，研发出 50MPa、300L 的Ⅳ型储氢瓶；日本丰田对新一代 Mirai 汽车Ⅳ型瓶进行了复合材料铺层和瓶口结构优化，使复合材料层质量降低 40%。国内合肥通用院、浙江大学、哈尔滨工业大学、浙江蓝能燃气设备有限公司等开展了纤维铺层设计与缠绕固化工艺研究，在研制 20~45MPa Ⅱ型储氢瓶、35MPa Ⅲ型储氢瓶和 70MPa Ⅲ型储氢瓶基础上，近期正研究 70MPa Ⅳ型车载瓶技术。

复合材料压力容器在某些服役工况条件下，除了要有足够的强度外，还应具备良好的气密性，且与气体介质种类、压力有紧密联系。而纤维增强树脂基复合材料在高压作用下气密性较差，尤其是氦气、氢气等小分子气体介质，在高工作压力情况下极易穿透复合材料层，造成渗漏。为此要求复合材料压力容器必须设计有能够密封的内衬。对于高循环寿命应用的压力容器宜采用较高屈服强度的材料，如钛合金、不锈钢、因科乃尔内衬等，工作时内衬应变处于弹性范围。对于低循环寿命应用的压力容器宜采用铝合金或纯钛超薄内衬，工作时内衬应变处于塑性范围。另外，还应考虑成形、焊接、材料相容性、强度、重量、制造费用等技术因素及腐蚀、污染、氧化等风险问题。具体的内衬材料选择往往是为满足多因素需求而进行折中的结果。

纤维缠绕复合材料压力容器结构层本身的复杂性——封头及柱段筒身曲率厚度的突变、封头处的变厚度、变角度等，都给设计、分析、计算带来了诸多困难。壳体不仅要在封头段进行变角度、变速比的非测地线缠绕，而且有时在柱段也要进行等螺距或非等螺距的缠绕，同时还要考虑摩擦系数等实际因素的影响。

为了提高复合材料压力容器的力学性能、缩短制造周期和降低成本，需要根据相关设计理论和标准对复合材料压力容器进行结构设计。碳纤维缠绕层是复合材料压力容器主要的压力承载体，较大程度上决定了压力容器的质量高低及其安全性与可靠性，因而其设计至关重要，主要包括缠绕角度、缠绕张力及纤维层厚度等方面。基于强度和疲劳寿命需求，对复合材料压力容器进行设计，可以有效提高压力容器的安全性和可靠性。基于强度和疲劳寿命需求的复合材料压力容器设计流程如图 2-70 所示，主要包括以下步骤。

1) 根据复合材料压力容器的设计参数（如工作压力、容积等），确定内衬的材料类型和基本结构尺寸，包括内衬的总长、筒身外径、筒身壁厚、封头形式及厚度、极孔外径、根部圆角半径以及内衬瓶口设计壁厚等参数。

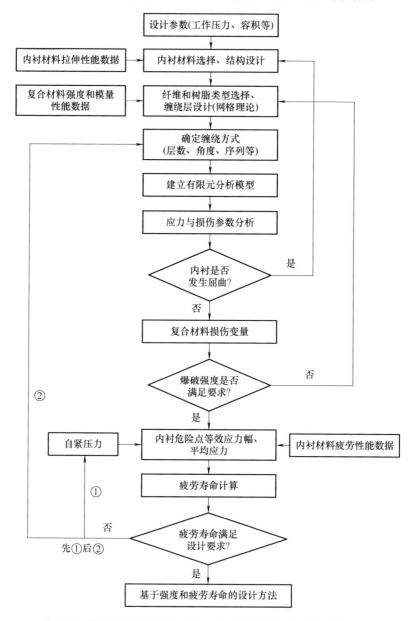

图 2-70 基于强度和疲劳寿命需求的复合材料压力容器设计流程

2）根据纤维增强复合材料的强度和模量等基础力学性能数据，选择合适的纤维和树脂类型，并基于网格理论进行复合材料缠绕层的初步设计，确定缠绕层数、缠绕角度、缠绕序列、缠绕厚度等参数。

3）基于内衬结构尺寸和复合材料层缠绕参数，建立有限元分析模型，进行内压加载下的应力与不同失效模式对应的损伤参数分析。如果有需要，可进行外物冲击后的容器冲击损伤分析。

4）通过应力分析，判断内衬是否会发生屈曲。如果会发生屈曲，则返回内衬结构设计步骤进行重新设计；如果未观察到屈曲现象，则进行下一步骤的分析和设计。

5）分析复合材料纤维拉伸断裂模式对应的损伤变量随内压增加的关系，确定该损伤变量等于1.0时对应的内压，该内压即为容器的爆破压力数值计算值。如果有需要，可再进行冲击损伤后的剩余爆破压力分析，确定在特定冲击条件下，容器是否仍能满足使用要求。

6）判断爆破压力数值计算结果能否满足设计要求。如果不满足要求，则返回缠绕层设计步骤进行重新设计；否则，进行下一步的分析和设计。

7）找到内衬上的危险点，获取危险点在压力循环过程中最大压力和最小压力对应的主应力分量，并计算等效应力幅和平均应力。

8）结合内衬材料疲劳性能数据，由上一步骤计算得到的等效应力幅和平均应力计算疲劳寿命。

9）判断疲劳寿命是否满足设计要求。如果满足要求，疲劳寿命设计完成；如果不满足要求，首先进行自紧压力分析，重新计算内衬危险点的等效应力幅和平均应力，并计算疲劳寿命；若调整自紧压力始终不能使疲劳寿命满足设计要求，则返回确定缠绕方式步骤，增加复合材料缠绕层数，重新进行计算和分析，直至疲劳寿命满足设计要求。

10）计算最终缠绕方式下的复合材料压力容器爆破强度。完成基于强度和疲劳寿命需求的复合材料压力容器设计。

▶▶ 3. 复合材料压力容器附件要求

复合材料压力容器附件一般包括阀门、密封件等，其安全性和密封性对整个压力容器的质量性能至关重要。以高压氢气瓶口阀及密封结构为例，由于更高工作压力和低温加注需求，70MPa瓶口阀对密封性、供气稳定性、动作性能、轻量化、集成度提出更高要求。加拿大GFI、美国Luxfer、德国Anleg等公司研发了70MPa瓶口阀并实现工程应用，其中德国Anleg公司70MPa瓶口阀的集成度最高，集成了减压阀、电磁阀、止回阀、手动截止阀、限流阀、过滤器、定向热泄压装置、温度传感器、放散阀等功能，是目前轻量化最好、集成度最高的瓶口阀。国内江苏国富氢能技术装备股份有限公司、上海瀚氢动力科技有限公司等开发出35MPa瓶口阀且逐步实现商业化，但70MPa瓶口阀研发刚起步，产品主要依赖进口。

2.5.4 碳纤维复合材料压力容器制造

1. 制造工艺及流程

复合材料压力容器的性能和质量主要取决于复合材料层，其难度在于复合材料层的缠绕成型，涉及纤维的缠绕方法和缠绕预应力、树脂基体的材料选取和固化工艺。

复合材料层的缠绕成型工艺是指将连续纤维或经过树脂胶液浸渍后的纤维，按照预定的缠绕规律均匀地排布在容器内衬上，然后加热或在常温条件下进行固化，制成一定形状制品的工艺方法。工艺过程主要包括浸胶、加热、缠绕、固化等工序。缠绕机基本原理如图 2-71 所示。浸胶装置与预浸纱加热装置分别对应于湿法缠绕和预浸胶缠绕。其一般过程为：带有张力器的纱团通过浸胶槽浸胶后，通过绕丝嘴按设定的缠绕线型缠绕到内衬上，内衬安装于主轴上，由主轴带着转动。浸胶分为表面带胶式浸胶和沉浸式浸胶两种，浸胶工艺过程如图 2-72 所示。

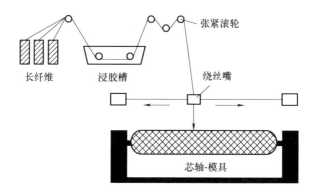

图 2-71 缠绕机基本原理

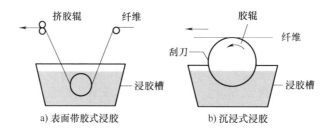

图 2-72 浸胶工艺过程

纤维缠绕一般按变预应力缠绕，最内层预应力最大、向外逐步递减，以避免复合材料压力容器的整体承载性能下降。纤维缠绕时需确定纤维初应力值和递减速度。初始预应力的确定主要考虑以下因素：①内衬的刚度，必须确保内衬材料始终处于弹性阶段工作；②保证各层纤维具有初始张力，避免应力分布不均而降低容器性能；③外层纤维的缠绕力使内层全部缠绕层与内衬产生压缩变形，压缩力值与外层缠绕张力值相等。

对于张力制度，不仅要从理论上进行计算，还要综合考虑浸胶和胶液含量等因素，来确定最终张力制度。在工程上，大尺寸碳纤维复合材料压力容器逐层递减的张力制度在使用时较麻烦，因此，通常采用2~3层递减一次，递减幅度等于逐层递减几层的总和。通过张力制度的确定，使复合材料结构层内部张力协调均匀，最大化地发挥纤维效率。

▷▷ 2. 性能测试评价及优化

碳纤维复合材料压力容器的性能测试及评价可通过采用氦检漏技术、声发射技术、高精度变形测量技术、光纤健康监测技术等来实现，但主要在于性能指标和控制要求的制定。以储氢复合材料气瓶为例，挪威、日本、美国等已掌握氢气运输、车载供氢用复材气瓶测试方法与评价指标。国外形成了 ISO 11515、EN 12245 等压缩气体储运用复材气瓶产品标准，可指导不同水容积、结构型式、压力等级储氢瓶设计制造与试验测试。加拿大、日本等机构拥有储氢瓶型式试验能力，国外形成了 UN GTR 13、ISO/TS 15869、ISO 19881 等相关Ⅳ型瓶标准规范，其中 UN GTR 13 对储氢瓶综合性能提出要求，但对材料/部件性能指标未做明确规定；国外研发了针对内胆屈曲、复合材料分层等失效模式的无损检测技术并初步应用。国内合肥通用院、上海市特种设备监督检验技术研究院、浙江大学前期研究了车载储氢瓶氢循环疲劳、火烧等安全性能测试评价技术并建立了型式试验装置，制定了车载Ⅲ型瓶国家标准，正在制定车载Ⅳ型瓶国家标准，但国内尚未掌握Ⅳ型瓶主要性能指标及控制要求，未形成相关标准规范，无损检测技术研究尚以原理验证/规律分析为主。

复合材料压力容器的性能优化是在符合相关标准与规范的前提下，通过建立优化模型，采用合理的方法对目标函数进行优化，目的是充分发挥碳纤维材料的特性和提高纤维利用率，提高压力容器的综合性能，并减轻压力容器的重量。主要措施包括：①复合材料压力容器的自紧处理能够改善内衬的受压状态，降低内衬层的应力，从而可以提高缠绕纤维的利用效率，并提高压力容器的疲劳性能；②将玻璃纤维、芳纶纤维等纤维材料与碳纤维材料混杂制成复合材料，可以有效提高碳纤维复合材料及压力容器的性能；③减小复合层厚度、减轻重量是提高复合材料压力容器的经济性和降低成本的有效途径。

2.5.5 碳纤维复合材料压力容器研发情况

新能源汽车、火箭发动机系统、卫星等新技术和新装备的不断发展，催生了新型复合材料压力容器。复合材料压力容器的发展呈现出多用途、多元化的趋势，应用领域越来越广泛。

美国、日本等发达国家的复合材料压力容器技术水平世界领先，如美国Space X公司开发出直径为12m的碳纤维复合材料液氧储箱、日本丰田公司研发的70MPa车载碳纤维复合材料高压储氢气瓶等。

我国复合材料压力容器技术研究始于20世纪70年代，产品最初应用于航天领域，后来逐渐应用到民用领域。特别是近年来，随着氢燃料电池汽车产业的迅速发展，碳纤维复合材料高压储氢容器（气瓶）日益受到社会的广泛关注。

对于车用复合材料储氢气瓶，采用金属内胆碳纤维全缠绕复合材料气瓶（Ⅲ型瓶）和塑料内胆碳纤维全缠绕复合材料气瓶（Ⅳ型瓶），因具有重容比小、单位质量储氢密度高等优点，得到了广泛应用。国内外复合材料储氢气瓶（Ⅲ型、Ⅳ型）的性能参数见表2-47。

表2-47 国内外复合材料储氢气瓶（Ⅲ型、Ⅳ型）的性能参数

国 别	生产公司	型 号	容积/L	质量/kg	压力/MPa	单位质量储氢密度（%）
国外	Hexagon Lincoln 公司	Ⅳ	64	43.0	70	6.0
	丰田 Mirai 汽车公司	Ⅳ	60	42.8	70	5.7
国内	北京天海工业有限公司	Ⅲ	140	80.0	35	4.2
		Ⅲ	165	88.0	35	4.2
	北京科泰克科技有限责任公司	Ⅲ	140	—	35	4.0
	沈阳斯林达安科新技术有限公司	Ⅲ	128	67.0	35	4.0
		Ⅲ	52	52.0	70	>5.0
	中材科技股份有限公司	Ⅲ	140	78.0	35	4.0
		Ⅲ	162	88.0	35	4.0

美国的Quantum公司和Lincoln Composites公司、加拿大的Dynetek工业公司、法国的Mahytec公司等世界著名气瓶生产厂商，已成功研制多种规格型号的

纤维全缠绕高压储氢气瓶，其高压储氢气瓶设计制造技术已处于世界领先水平。2000 年，Quantum 公司联合 Thiokol 公司、劳伦斯利弗莫尔国家实验室（Lavrence Livermore National Laboratory，LLNL），开发出 Trishield 高压储氢气瓶，采用了聚乙烯内胆碳纤维全缠绕结构，公称工作压力为 35MPa。2001 年，Quantum 公司又成功研制出公称工作压力为 70MPa 的 Trishield 10 高压储氢气瓶。2002 年，Lincoln Composites 公司研制成功 Tuffshell 高压储氢气瓶，采用了高密度聚乙烯（High Density Polyethylene，HDPE）内胆碳纤维全缠绕结构，公称工作压力为 70MPa。Dynetek 工业公司生产的 Dynecell 高压储氢气瓶采用了铝内胆碳纤维全缠绕结构，该公司已具备了 70MPa 高压储氢气瓶的生产能力。2014 年，丰田公司 Mirai 燃料电池汽车上市，采用塑料内衬全缠绕复合气瓶，储氢压力为 70MPa，储氢约 5kg，单位质量储氢密度达到 5.7%。

铝内胆碳纤维全缠绕高压储氢气瓶是我国高压储氢气瓶发展的重点。在"十五"和"十一五"期间，我国建立了铝内胆碳纤维全缠绕高压储氢气瓶结构-材料-工艺一体化的优化设计方法，实现了高压储氢气瓶的轻量化设计制造。目前，我国已成功研制出 35MPa 碳纤维缠绕高压储氢气瓶，并在 2008 北京奥运会和 2010 上海世博会示范运行的氢燃料电池汽车上得到应用。然而，受材料生产和技术能力限制，目前我国 70MPa 大容积碳纤维缠绕高压储氢气瓶研发技术还不成熟。

参 考 文 献

［1］国家质检总局特种设备安全局. 固定式压力容器安全技术监察规程：TSG 21-2016 ［S］. 北京：新华出版社，2016.

［2］郑津洋，缪存坚，寿比南. 轻型化——压力容器的发展方向 ［J］. 压力容器，2009，26（9）：42-48.

［3］陈学东，崔军，范志超，等. 我国高参数压力容器的设计、制造与维护 ［C］//压力容器先进技术：第八届全国压力容器学术会议论文集. 合肥：第八届全国压力容器学术会议，2013.

［4］合肥通用机械研究院. 国家十二五科技支撑计划课题科技报告：基于风险的石化过程装置完整性管理关键技术研究与集成示范 ［R］.2012BAK13B03，2016.

［5］寿比南，谢铁军，高继轩，等. 我国承压设备标准化十年技术进展和展望 ［J］. 压力容器，2012，29（12）：24-31.

［6］秦晓钟. 压力容器用低合金钢的近期进展 ［J］. 压力容器，1992，9（4）：25-31.

［7］中国生产力学会.2007—2008 中国生产力发展研究报告 ［M］. 北京：中国统计出版

社，2009.

［8］陈学东，崔军，章小浒，等.我国压力容器设计、制造和维护十年回顾与展望［J］.压力容器，2012，29（12）：1-23.

［9］柳曾典，陈进，卜华全，等.2.25Cr-1Mo-0.25V 钢加氢反应器开发与制造中的一些问题［J］.压力容器，2011，28（5）：33-40.

［10］张颖，尚尔晶，谷文.2.25Cr-1Mo 和 2.25Cr-1Mo-0.25V 钢加氢反应器材料和制造经验［J］.压力容器，2014，31（12）：73-78；22.

［11］CHU L，CHEN X D，FAN Z C，et al. Characterization of heterogeneous creep deformation in vanadium-modified 2.25Cr1Mo steel weldments by digital image correlation［J］. Materials Science & Engineering A，2021，816：141350.

［12］秦晓钟.压力容器用钢技术进展［C］.南京：第五届全国压力容器学术会议，2011.

［13］张文辉，刘同湖，戴世杰.2.25Cr-1Mo-0.25V 钢锻件研制［C］.南京：第五届全国压力容器学术会议，2011.

［14］刘农基，聂颖新，陈崇刚，等.广西石化渣油加氢反应器轻量化设计制造［J］.压力容器，2015，32（1）：25-35.

［15］BSI. Specification for unfired fusion welded pressure vessels：BS PD 5500—2009［S］. London：the Standards Policy and Strategy Committee，2009.

［16］GOODALL I W，AINSWORTH R A. An Assessment Procedure for the High Temperature Response of Structures［M］. Berlin：Springer，1991.

［17］ASME. ASME Boiler and pressure vessel code，criteria for design of elevated temperature，Class I components in section Ⅲ. Division 1：ASME Code Case N-47—1976［S］. New York the American Society of Mechanical Engineers，1976.

［18］HAYHURST D R，GOODALL I W，HAYHURST R J. Lifetime predictions for high-temperature low-alloy ferritic steel weldments［J］. the Journal of Strain Analysis for Engineering Design，2005，40（7）：675-701.

［19］HAYHURST D R，HAYHURST R J. Continuum damage mechanics predictions of creep damage initiation and growth in ferritic steel weldments in a medium bore branched pipe under constant pressure at 590℃ using a five-material weld model［J］. Proceedings Mathematical Physical & Engineering Sciences，2005，461（2060）：2303-2326.

［20］PERRIN I J，HAYHURST D R. Continuum damage mechanics analyses of type Ⅳ creep failure in ferritic steel crossweld specimens［J］. International Journal of Pressure Vessels & Piping，1999，76（9）：599-617.

［21］HAYHURST R J，MUSTATA R，HAYHURST D R. Creep constitutive equations for parent，Type Ⅳ，R-HAZ，CG-HAZ and weld material in the range 565～640℃ for Cr-Mo-V weldments［J］. International Journal of Pressure Vessels & Piping，2005，82（2）：137-144.

［22］PERRIN I J，HAYHURST D R. Creep constitutive equations for a 0.5Cr-0.5Mo-0.25V ferritic steel in the temperature range 600~675°C [J]. Journal of Strain Analysis for Engineering Design, 1996, 31 (4): 299-314.

[23] 韩一纯. 2.25Cr1Mo0.25V 钢再热裂纹生成机理研究 [D]. 合肥: 中国科学技术大学, 2015.

[24] CHAUVY C, PILLOT S. Prevention of weld metal reheat cracking during Cr-Mo-V heavy reactors fabrication [C]// ASME PVP 2009. New York: ASME, 2009.

[25] PILLOT S, CHAUVY C. Standard procedure to test 2-1/4Cr-1Mo-V SAW filler material reheat cracking susceptibility [C]. ASME PVP 2012. Toronto: ASME, 2012.

[26] American Petroleum Institute. Fabrication considerations for vanadium-modified Cr-Mo steel heavy wall pressure vessels [R]. Washington: API Technical Report 934-B, 2011.

[27] CHEN X D, YUAN R, WANG B, et al. Analysis of causes for cracking of Chinese large high-strength steel spheric tank and suggestion about its prevention [C]//ASME PVP2007-CREEP8. San Antonio: ASME, 2007.

[28] 马志先. 水平管束外膜状凝结换热试验与理论研究 [D]. 哈尔滨: 哈尔滨工业大学, 2012.

[29] 熊钧. HCFC123 高温工况下水平管外冷凝换热特性研究 [D]. 哈尔滨: 哈尔滨工业大学, 2006.

[30] 王世平, 廖西江, 邓颂九, 等. 锯齿形翅片管强化冷凝给热的实验研究及其准则方程 [J]. 工程热物理学报, 1984 (4): 374-377.

[31] 陈永东, 周兵, 程沛. LNG 工厂换热技术的研究进展 [J]. 天然气工业, 2012, 32 (10): 80-85.

[32] 李松山, 李鹏, 张小许. 高通量换热器的研制开发及应用 [J]. 化工管理, 2021 (3): 58-59.

[33] 孟祥宇, 王学生, 陈琴珠, 等. 不锈钢高通量换热管传热性能研究与工业应用 [J]. 化学工程, 2019, 47 (11): 34-38; 73.

[34] 赵洋, 任淑彬, 王凤林, 等. 铜基高通量换热管内多孔层的制备及性能研究 [J]. 粉末冶金技术, 2018, 36 (3): 170-176.

[35] 赵传亮, 王学生, 孟祥宇, 等. 高通量管实验研究及再沸器设计 [J]. 实验室研究与探索, 2016, 35 (10): 64-67.

[36] 涂爱民, 刘世杰, 莫逊, 等. 螺旋扭曲管用于燃气轮机进气温度调节换热器的可行性研究 [J]. 化工学报, 2020, 71 (4): 1562-1569.

[37] 张铁钢, 梁学峰, 王朝平. 新型高效扭曲管双壳程换热器的研制 [J]. 压力容器, 2014, 31 (1): 68-74.

[38] 周吉成, 朱冬生, 唐新宜, 等. 扭曲管换热器壳程流体流动及传热的数值模拟 [J]. 化学工程, 2011, 39 (5): 59-62.

[39] 于洋. 自支撑型高效扭曲管换热器传热与流动阻力性能研究及应用 [D]. 上海: 华东理

工大学，2011.

[40] 杨蕾. 扭曲管双壳程换热器传热性能的数值模拟与实验研究 [D]. 广州：华南理工大学，2010.

[41] 陈永东，黄英，赵景玉，等. 丁醛转化器的国产化研制 [J]. 压力容器，2014，31 (9)：68-75；79.

[42] 范志超，陈学东，崔军，等. 我国重型压力容器轻量化设计制造技术研究进展 [J]. 压力容器，2013，30 (2)：59-65；28.

[43] 邓阳春，陈钢，杨笑峰，等. 奥氏体不锈钢压力容器的应变强化技术 [J]. 化工机械，2008，35 (1)：54-59.

[44] AU-SA. Pressure vessels-cold-stretched austenitic stainless steel vessels：AS 1210-Supp2：1999 [S]. Sydney：Standards Australia International Ltd.，1999.

[45] AU-SA. Pressure vessels：AS 1210—2010 [S]. Sydney：Standards Australia International Ltd.，2010.

[46] BSI. Cryogenic vessels-large transportable vacuum insulated vessels, Part 2：Design, fabrication, inspection and testing：EN 13530-2：2002 [S]. London：the Standards Policy and Strategy Committee，2002.

[47] BSI. Cryogenic vessels-static vacuum insulated vessels, Part 2：Design, fabrication, inspection and testing：EN 13458-2：2002 [S]. London：the Standards Policy and Strategy Committee，2002.

[48] IX-ISO. Cryogenic vessels-large transportable vacuum-insulated vessels, Part 1：Design, fabrication, inspection and testing：ISO 20421-1：2006 [S]. Geneva：the International Organization for Standardization，2006.

[49] IX-ISO. Cryogenic vessels-static vacuum-insulated vessels, Part 1：Design, fabrication, inspection and tests：ISO 21009-1：2008 [S]. Geneva：the International Organization for Standardization，2008.

[50] ASME. Coldstretching of austenitic stainless steel pressure vessels：ASME Code Case 2596：2008 [S]. New York：the American Society of Mechanical Engineers，2008.

[51] ASME. Cold-stretching of austenitic stainless steel pressure vessels：ASME BPVC V-Ⅷ：2011 [S]. New York：the American Society of Mechanical Engineers，2011.

[52] ASME. Rules for construction and continued service of transport tanks：ASME Boiler & Pressure Vessel Code，Ⅻ：2013 [S]. New York：the American Society of Mechanical Engineers，2013.

[53] 全国锅炉压力容器标准化技术委员会. 固定式真空绝热深冷压力容器：第7部分 内容器应变强化技术规定：GB/T 18442.7—2017 [S]. 北京：中国标准出版社，2017.

[54] MA L，ZHENG J Y，MIAO C J. Nonlinear analysis of pressure strengthening for austenitic stainless steel pressure Vessel [C]//ASME PVP2008，Chicago：ASME，2008.

[55] 全国钢标准化技术委员会. 承压设备用不锈钢和耐热钢钢板和钢带：GB/T 24511—2017

［S］. 北京：中国标准出版社，2017.

［56］姜公锋，孙亮，陈钢. 304不锈钢应变强化疲劳寿命的试验研究［J］. 机械强度，2014，36（6）：850-855.

［57］闫永超，陈学东，杨铁成，等. 应变强化022Cr17Ni12Mo2奥氏体不锈钢室温低周疲劳性能研究［J］. 压力容器，2011，28（12）：5-10.

［58］ZEEDIJK H B. Cyclic hardening and softening of annealed and 9%-prestrained AISI 304 stainless steel during high strain cycling at room temperature［J］. Metal Science，1977，11（5）：171-176.

［59］NAKAMURA T，TOMINAGA M，MURASE H，et al. Low cycle fatigue behaviour of austenitic stainless steel at cyrogenic temperature［J］. Tetsu-to-Hagane，1982，68（3）：471-476.

［60］VOGT J，FOCT J，REGNARD C，et al. Low-temperature fatigue of 316L and 316LN austenitic stainless steels［J］. Metallurgical & Materials Transactions A，1991，22（10）：2385-2392.

［61］VOGT J B. Fatigue properties of high nitrogen steels［J］. Journal of Materials Processing Technology，2001，117（3）：364-369.

［62］党霆，陈成澍. 常温及低温下奥氏体不锈钢低循环变形行为的研究［J］. 西南交通大学学报，1991（3）：109-116.

［63］何国求，高庆. 在室温及低温下316L、316LN不锈钢单轴低周疲劳特性的研究［J］. 西南交通大学学报，1996，31（5）：483-487.

［64］SUZUKI K，FUKAKURA J，KASHIWAYA H. Cryogenic fatigue properties of 304L and 316L stainless steels compared to mechanical strength and increasing magnetic permeability［J］. Journal of Testing and Evaluation，1988，16（2）：190-197.

［65］徐淮建. 亚稳态奥氏体不锈钢（S30408）深冷低周疲劳性能研究［D］. 杭州：浙江大学，2018.

［66］陈希，郑津洋，缪存坚，等. 应变强化后容器的外压屈曲分析［J］. 压力容器，2015，32（8）：14-20.

［67］陈希. 应变强化压力容器外压屈曲研究［D］. 杭州：浙江大学，2015.

［68］惠培子. 应变强化薄壁圆柱形容器外压屈曲研究［D］. 杭州：浙江大学，2017.

［69］中国技术监督情报协会. 移动式真空绝热深冷压力容器内容器应变强化技术要求：T/CATSI 05001—2018［S］. 北京：中国标准出版社，2018.

［70］SHRINIVAS V，VARMA SK，MURR LE. Deformation-induced martensitic characteristics in 304 and 316 stainless steels during room-temperature rolling［J］. Metallurgical & Materials Transactions A，1995，26（3）：661-671.

［71］HUANG J X，YE X N，XU Z. Effect of cold rolling on microstructure and mechanical properties of AISI 301LN metastable austenitic stainless steels［J］. Journal of Iron and Steel Research International，2012，19（10）：59-63.

［72］MURR L E，STAUDHAMMER K P，Hecker S S. Effects of strain state and strain rate on deformation-induced transformation in 304 stainless steel: Part Ⅱ. Microstructural study [J]. Metallurgical & Materials Transactions A, 1982, 13 (4): 627-635.

[73] 王珂. 椭圆形封头冷冲压成形残余影响及其表征方法研究 [D]. 杭州: 浙江大学, 2015.

[74] TALONEN J, HÄNNINEN H. Formation of shear bands and strain-induced martensite during plastic deformation of metastable austenitic stainless steels [J]. Acta Materialia, 2007, 55 (18): 6108-6118.

[75] 马利, 缪存坚, 朱晓波, 等. 奥氏体不锈钢冷冲压标准椭圆形封头塑性变形预测方法研究 [J]. 机械工程学报, 2015, 51 (6): 19-26.

[76] 张潇. 亚稳态奥氏体不锈钢标准椭圆形封头温冲压温度研究 [D]. 杭州: 浙江大学, 2015.

[77] 叶建军, 郑津洋, 张潇, 等. 多任务深冷容器应变强化控制系统研制 [C]//第九届全国压力容器设计学术会议暨第八届压力容器分会设计委员会委员会议论文集. 杭州: 第九届全国压力容器设计学术会议, 2014.

[78] 郑津洋, 晓风清, 缪存坚, 等. 确定奥氏体不锈钢低温容器应变强化保压完成时间的方法: 201310202797.9 [P]. 2013-05-28.

[79] 叶建军, 郑津洋, 丁会明, 等. 基于互联网信息技术的深冷容器应变强化控制系统[J]. 压力容器, 2018, 35 (3): 1-7.

[80] 赫晓东, 王荣国, 矫维成, 等. 先进复合材料压力容器 [M]. 北京: 科学出版社, 2016.

[81] 王荣国, 矫维成, 刘文博, 等. 轻量化复合材料压力容器研究进展 [J]. 航空制造技术, 2009 (15): 86-89.

[82] 付丽, 石宇萌, 赵峥嵘, 等. 美国最新研制的无内衬全复合材料低温压力容器 [J]. 航天制造技术, 2020 (5): 57-59; 65.

[83] 陈小平, 王喜占. T800 碳纤维在复合材料压力容器上的应用研究 [J]. 高科技纤维与应用, 2017, 42 (3): 45-49.

[84] 池秀芬, 刘志栋, 王小永. 复合材料缠绕压力容器的失效风险分析 [J]. 真空与低温, 2006, 12 (4): 226-230.

[85] 江勇, 许明, 危书涛. 充氢工艺对复合材料储氢气瓶残余应力的影响 [J]. 工程力学, 2021, 38 (1): 249-256.

[86] 蔡强, 赵晓宁, 李新田, 等. 纤维缠绕复合材料压力容器多型封头对比分析 [J]. 火箭推进, 2020, 46 (6): 90-96.

[87] 陈明和, 胡正云, 贾晓龙, 等. Ⅳ型车载储氢气瓶关键技术进展 [J]. 压力容器, 2020, 37 (11): 39-50.

[88] 赫晓东, 赵俊青, 王荣国, 等. 复合材料压力容器无损检测研究现状 [J]. 哈尔滨工业大学学报, 2009, 41 (12): 78-82.

[89] 王婉君, 张鹏, 贺政豪, 等. 碳纤维复合材料压力容器的研究进展 [J]. 现代化工, 2020, 40 (1): 68-71.

[90] 惠虎, 柏慧, 黄淞, 等. 纤维缠绕复合材料压力容器的研究现状 [J]. 压力容器, 2021, 38 (4): 53-63.

第 3 章

———

压力容器长周期绿色运维技术

3.1 工程风险评估

石化过程装置承受着高温、高压、易燃、易爆、有毒或腐蚀介质的综合作用，一旦发生爆炸或泄漏往往并发火灾、中毒等灾难性事故，造成严重的环境污染，给经济生产和人民生活带来重大损失和危害，直接影响着社会安定。对于石化企业，潜在装置设备老化、工艺操作不稳定、修理不及时不到位等诸多因素，导致压力容器失效的风险逐渐累积并上升。当前装置能否安全、绿色、平稳运行主要面临着两大问题：一方面，随着工业技术发展和石油品质劣质化，成套石化装置规模不断扩大，面临的运行环境也日趋复杂。如21世纪初，为降低炼油成本，国内石化企业大量采购了高硫高酸原油，造成常减压、催化、焦化等炼油装置高温部位发生严重的高温硫酸/环烷酸腐蚀。近年来，国内外早期开采的油井面临石油资源枯竭，采油单位在油井中注入氯化物来延续石油供应，从而造成大量下游石油加工企业的常减压、加氢装置设备发生严重的氯化铵盐堵塞及腐蚀泄漏事故，导致装置运行风险高、经济损失大、环境污染严重。另一方面，传统的压力容器检验方式存在大量的无效检验、过度检验或检验不足现象，这些检验并未严格按照系统可能存在的失效模式而有针对性的实施，不仅无法保证设备的本质安全，也浪费了大量保温拆除、搭架、开罐等辅助工程费用，大大增加了石化企业的检验费用，不利于绿色节能的发展理念。因此，建立适合我国国情的、以风险控制为核心的智能化大型装置设备风险管理方法，确保大型装置、大型设备在全生命过程中做到投入最小、风险控制合理、经济效益最好，是构建绿色和谐社会一项十分重要的工作。

3.1.1 RBI技术及发展历程

1. RBI技术原理与意义

基于风险的检验（RBI）是一种追求系统安全性与经济性统一的理念与方法，是在对系统中固有或潜在危险发生的可能性与后果进行科学分析的基础上，给出风险排序，找出薄弱环节，以确保本质安全和减少运行费用为目标、优化检验策略的一种管理方式。RBI的理念是寻找安全性与经济性的平衡点，关键是要解决压力容器维护管理的四个主要问题。

1）要检查何种类型的缺陷？

2）从何处寻找缺陷？

3）如何检测才能发现缺陷？

4）如何从风险级别和经济性平衡角度确定最佳检验时间？

传统的检验未能将经济性和安全性及可能存在的失效风险有机结合起来，检验的频率、程度和受检设备的风险不相称。随着检测、诊断技术的发展和设备多年运行经验的积累，基于风险的检验（RBI）作为一种新的风险检验概念，被引入国际上大中型石化能源工业，用于提高设备运行的可靠性并降低检验成本，经过实践证明这是一种高效的风险分析工具。对企业而言，进行 RBI 工作的主要目的或意义体现在以下几方面。

1）确保设备本质安全。

2）提供优化的检验策略：识别可能的潜在高风险设备；采用针对性的检验技术来进行检验；编制与风险相适应的检验规程。

3）减少在役运行费用：根据不同设备的危险程度来确定检验周期；检验费用重点投入装置中高风险设备；根据风险来确定停机范围。

4）延长设备有限运行时间：缩减停工时间；通过延长检验周期来减少停机检验次数；缩小停机检验的范围；提高检验的效率，优化检验计划和检验策略，减少可靠设备不必要的例行检验内容，实施针对性的检验内容；判定和管理装置的安全水平，定义出风险大小、性质及实施的风险消除手段和验收准则。

需要注意的是，风险评估不可识别由于人为失误、自然灾害、外部事件、人为破坏、检测能力限制、设计错误、偏离设计工况等因素造成的风险。图 3-1 所示为风险分布的"二八"原理示意图。图 3-2 所示为风险的演化规律与降险时间点的对应关系。

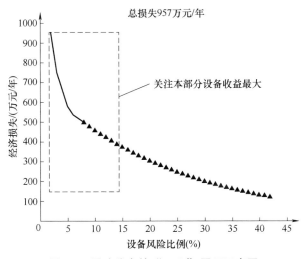

图 3-1　风险分布的"二八"原理示意图

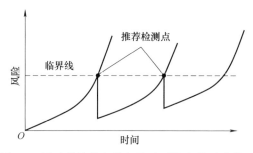

图 3-2　风险的演化规律与降险时间点的对应关系

▶▶2. 欧美发达国家 RBI 技术发展状况

20 世纪 90 年代初期，欧美二十余家石化企业为了在保证安全的前提下降低运行成本，共同发起资助美国石油学会（API）开展 RBI 在石化企业（主要是炼油厂）的应用研究工作。1996 年 API 公布了 RBI 基本资源文件 API BRD 581 的草案，2000 年 5 月又公布 API 581 正式文件，2002 年 5 月正式颁布了 RBI 标准 API 580，2008 年与 2016 年又分别对 API 581 标准进行了升级改版。十多年来，西方发达国家甚至亚洲的韩国、新加坡等国家和地区的石化炼油厂将 RBI 方法广泛应用到成套装置中的承压设备检验与维修，使风险和检验维修费用都大幅度下降。图 3-3 所示为欧美发达国家 RBI 技术标准化进展过程。

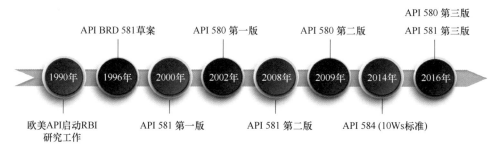

图 3-3　欧美发达国家 RBI 技术标准化进展过程

▶▶3. 国内 RBI 技术发展状况

20 世纪末，我国有关高校与研究机构引入 RBI 概念。2003 年起，合肥通用院、中国特检院开始与法国 BV、挪威 DNV 等单位开展合作，在国内率先针对茂名石化乙烯装置、加氢装置开展基于风险的检验（RBI）技术研究和工程应用，逐步解决了发达国家技术与我国装置设备适应的难题，在基于剩余寿命的风险计算、基于等风险原则确定可接受风险、失效机理数据库完善、复杂失效机制、多种失效模式共同作用下主导机制判定等方面取得了技术突破。

2006 年，原国家质检总局发布 198 号文，提出在 10 家中石油、中石化企业 40 余套石化装置开展 RBI 技术试点应用；2009 年，《压力容器安全技术监察规程》修订为《固定式压力容器安全技术监察规程》时，将 RBI 技术纳入法规，规范在 2016 年修订时也沿用了有关要求；2011—2014 年，我国陆续颁布的 GB/T 26610《承压设备系统基于风险的检验实施导则》系列国家标准，涵盖了承压设备系统风险评估的全过程，包括基于风险的检验策略、风险的定性分析方法、失效可能性定量分析方法、失效后果定量分析方法。2014 年，发布了 GB/T 30579《承压设备损伤模式识别》，给出了承压设备主要损伤模式的损伤描述及损伤机理、损伤形态、受影响的材料、主要影响因素、易发生的装置或设备、主要预防措施、检测或监测方法、相关或伴随的其他损伤等，为承压设备损伤检测监测和预防控制提供了有效指导。图 3-4 所示为我国 RBI 技术标准化进展过程。

概括起来，我国石化行业压力容器风险评估技术大致经历了尝试、试点、推广、优化四个阶段，并在不断丰富发展和有序推进，如图 3-5 所示。目前，我国已形成炼油和化工类成套装置基于风险检验的技术体系，包括技术方法、专业软件、数据库、国家标准等，并通过全国 2000 多套装置推广应用，一方面发现了依靠传统检验难以发现的大量隐患，提高了装置及其高参数压力容器的安全性，基本实现了炼油装置 3~4 年、乙烯装置 4~6 年的长周期安全运行；另一方面通过优化检验方案提高了检验的有效性，使装置检验费用节约 15%~35%。

图 3-4 我国 RBI 技术标准化进展过程

》**3.1.2 成套装置 RBI 技术**

合肥通用院、中国特检院等国内大型检验机构通过对炼油、化工、煤化工、储运等 2000 余套装置的 RBI 应用，总结了一套完整的风险评估方法，并建立了中国特色的风险评估流程。在具体实施过程中，不同的评估单位略有差异，但

图 3-5　我国风险评估技术发展的四个阶段

其方法都源自 API 580、API 581 及 GB/T 26610.1~5 标准。本部分内容简要介绍国内 RBI 技术实施的基本过程以及在实施过程中需要注意的要点，供读者参考。

1. RBI 技术的实施流程

基于风险的检验（RBI）项目实施前应组建工作小组并制订详细、充分的工作流程，以确保 RBI 的每个环节都能得到有效的实施。工作小组成员最好能涉及设计、设备管理、工艺管理、防腐管理、检验检测、材料、计算机等专业的人员。实施过程主要包括四大环节：①前期准备工作；②数据采集、数据录入与风险计算；③检验策略制订；④验证评估或再评估。风险评估工作流程如图 3-6 所示。

2. 数据采集

数据采集内容通常包括通用信息（工厂的通常信息及其他装置的数据）、工艺信息（过程流体/其他流体特性和它们的潜在腐蚀性数据）、机械信息（设计/基建和设备安装数据）、检验记录、安全系统信息（现场的保护和缓冲装置的数据）和工厂采取的有关管理措施。

以某石化企业为例，需提供以下资料完成数据采集工作：装置工艺描述（操作规程）、管道仪表流程图（Piping and Instrument Diagram，P&ID）、工艺流程图（Process Flow Diagram，PFD）、管道单线图（含有管道的设计压力和温度、操作压力和温度、材质、长度、热处理、保温、规格等信息）、车间设备及管道台账（包括设备表及管道表）、物流平衡表（含有具体物流详细组分或化学分析报告等内容）、设备及管道的原始设计资料（包括竣工资料：竣工图、质量证明书等）、设备及管道的历史检验数据（包括涉及的全面检验报告）、安全阀台账、

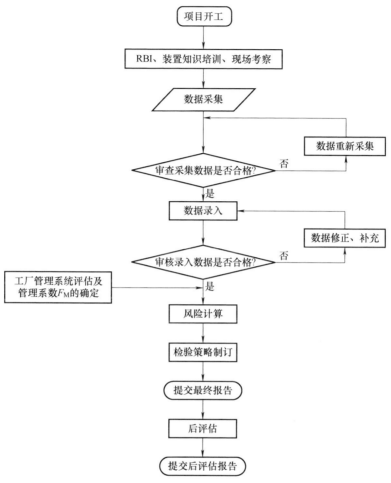

图 3-6　风险评估工作流程

维修改造资料（包括具体改造、新增、停用的设备及管道的详细记录）、失效分析资料（包括相关的失效分析报告等）。

　　由于项目结果的质量和可靠性依赖于采集到的数据质量和可靠性，因此该阶段是 RBI 技术实施过程中最重要的阶段。

▶▶ 3. 设备工艺分解和分析

　　设备工艺分解和分析是为了确定和列出在 RBI 策略内独立的最小单元。这意味着确定每一设备的最小部件以及分解在不同工况（流体、压力、温度、材料、速度等）下的设备部件。要完成此项工作，首先必须进行工艺物流的分析；工艺物流的分解主要与介质的组分有关，与温度、压力、流量无关。每套装置都由若干条物流（腐蚀流）组成，每台设备（部件）都有对应物流。

4. 工艺流程图绘制

根据装置的设计图样及工艺流程的实际运行情况，绘制装置运行的工艺流程图。该图中需要显示装置内主要流程、关键设备以及评估范围；并根据流程特点，划分不同的工段；评估后期根据风险计算的结果，添加物流信息、风险等级信息、损伤机理信息等。

5. 腐蚀回路划分

根据装置工艺流程和设备管道基础信息进行腐蚀回路的划分，将具有不同失效模式和损伤机理的腐蚀流，划分到不同的腐蚀回路中。

6. 录入数据校核

将采集并审核完毕的数据进行软件录入，在正式计算前应对软件中已录入的数据进行校核，以确保数据录入的准确性。

7. 管理系数评估

按照 GB/T 26610 中的规定对企业的管理系统进行评价，将管理系统评价分值转换为管理系统评价系数。通过管理系统评价系数的修正，得到装置内设备及管道的失效可能性等级，该系数对同一装置内所有设备作用相同，不改变各设备间的相对风险排序。

8. 风险计算

风险是失效可能性和失效后果（包括人身安全、环境危害、经济损失等）的组合。风险计算是分别计算出每一个设备部件和每条管道的失效可能性和失效后果的大小，并按规定的方法确定出它们的等级，然后在风险矩阵图中确定出风险等级。

定量风险评估的具体计算内容主要包括损伤机理定性分析、失效概率计算、失效后果计算及风险计算。

风险矩阵是风险的直观表示，是一个 5×5 的矩阵，纵坐标为失效可能性等级，横坐标为失效后果等级，如图 3-7 所示。当每一个分析对象的失效可能性等级和失效后果等级确定后，就可在风险矩阵图中确定其位置（即风险等级）。

（1）失效可能性等级划分　失效可能性是指设备每年可能泄漏的次数，风险矩阵将失效可能性分为 5 个等级，具体划分见表 3-1，每个等级是由按式（3-1）定量计算的失效可能性确定的。

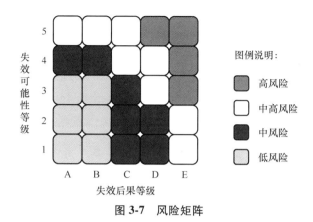

图 3-7　风险矩阵

表 3-1　失效可能性等级划分

失效可能性等级	失效概率 F
1	$0.00000 < F \leqslant 0.00001$
2	$0.00001 < F \leqslant 0.00010$
3	$0.00010 < F \leqslant 0.00100$
4	$0.00100 < F \leqslant 0.01000$
5	$0.01000 < F \leqslant 1.00000$

确定同类设备平均失效概率、设备修正系数、管理系统评价系数和超标缺陷影响系数，按式（3-1）计算失效概率 F：

$$F = F_G F_E F_M F_L \tag{3-1}$$

式中，F_E 为设备修正系数，由技术模块因子、通用条件因子、机械因子和工艺因子共同决定；F_G 为同类设备平均失效概率；F_L 为超标缺陷影响系数，当设备中存在超标缺陷时，应根据设备的原始制造质量及服役过程中是否存在与时间相关的退化机理来确定超标缺陷影响系数；F_M 为管理系统评价系数。

（2）失效后果等级划分　失效后果的量化是按照失效后造成影响区域面积的最大值来确定的。风险矩阵按照面积的大小同样将失效后果分为 5 个等级，具体划分见表 3-2。

表 3-2　失效后果等级划分

失效后果等级	最终后果面积（CA）范围/m^2
A	$CA \leqslant 9$
B	$9 < CA \leqslant 93$
C	$93 < CA \leqslant 279$

（续）

失效后果等级	最终后果面积（CA）范围/m^2
D	$279 < CA \leqslant 929$
E	$CA > 929$

9. 检验策略的制订

根据风险评估结果，优化检验程序，逐台设备、逐条管线制订有针对性的降低风险的检验策略，确定检验范围、检验手段，并对检验的有效性进行评估。检验策略一般应包括以下几个方面的内容。

1）确定设备存在何种失效模式与损伤机理。

2）要检查何种类型的缺陷。

3）从何处寻找缺陷。

4）采用何种检验方法与手段，以及评估检验的有效性。

5）从风险等级和经济性平衡的角度确定最佳检验时间。

检验程序通过提高发现潜在损伤情况的效率来降低失效的可能性。但是，风险评估存在人为错误、自然灾害、外部事件、人为破坏、检测能力限制、设计错误等因素导致的不可识别的风险（图3-8），检验本身也不能改变设备的状况、替代修理、更换服役的受损设备或超过工艺条件的要求。遇到某种无法通过检验程序降低风险的情况时，工厂有责任采取必要的补救措施：补救措施可以是通过返修、更换设备或者调整操作条件（降低等级）来降低风险或提高安全防范等级。

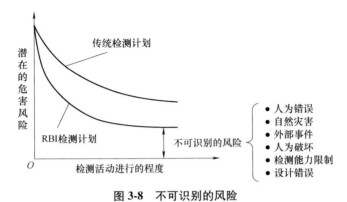

图3-8　不可识别的风险

3.1.3 RBI 技术在我国的研究与应用

1. RBI 技术在国内石化行业的推广

自 21 世纪初，国内开始引入并研究承压设备基于风险的管理技术以来，已超过 100 家石化企业、2000 套石油化工装置、25 万台承压设备进行了 RBI 技术的应用与推广，涵盖了中石化、中石油、中海油、中化等石化集团的常减压、重油催化、加氢裂化、延迟焦化、加氢精制、乙烯、聚乙烯、重整、芳烃、煤气化等炼油与化工装置，包括了塔器、反应器、压力容器、换热器、过滤器、球罐等承压设备。图 3-9 所示为炼化公司开展 RBI 的数量分布比例，图 3-10 所示为国内石化装置开展 RBI 应用数量趋势。

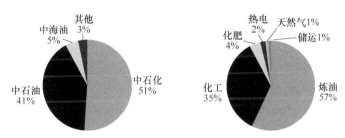

图 3-9 炼化公司开展 RBI 的数量分布比例

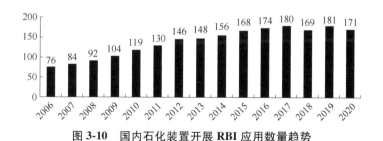

图 3-10 国内石化装置开展 RBI 应用数量趋势

2. RBI 技术在国内的研究

针对承压设备的风险评估技术在国内经过十余年的研究与发展，目前已形成了一批具有中国特色的技术方法，如建立了适应国内压力容器材料在不同腐蚀环境下的腐蚀数据库，开发了具有自主知识产权的风险评估软件，形成了与我国法规相适应的压力容器基于风险的检验周期与检验策略优化方法，并逐渐形成了诸如完整性操作窗口、远程运维等一系列承压设备在线风险监控技术，完善了设备完整性管理的薄弱环节。

（1）大型石化装置长周期运行工程风险评估与控制技术方法　在国外风险评估技术基础上，结合我国国情，国内已开展十多万次试验和工业规模验证，通过试验获得典型复杂介质环境下典型压力容器用材料应力腐蚀敏感性、应力腐蚀裂纹扩展速率基本规律，找出了典型压力容器用材料在复杂腐蚀环境下主导失效模式、损伤机理的判定方法，明确了次要失效模式、次要因素的影响规律；并获得了失效事故的生成与演化规律、多种失效机制间的竞争、抑制和促进规律。目前，我国已建立了国际上最为齐全的损伤机制和失效概率数据库，包括每一种损伤机制定义、形态、产生条件、扩展规律、受影响的材料、受影响的装置与设备、预防与减缓措施、检测监控手段和次要失效机制的影响等。具体如下：腐蚀特性数据库、失效案例数据库、设备选材数据库、管道选材数据库、风险控制措施数据库、83 种损伤机理、20 多种复杂失效机理（见表 3-3）。提出的以剩余寿命为参量的石化装置承压设备失效可能性工程计算方法，解决了我国石化装置承压设备多数情况无确定设计寿命、存在超期服役和超标缺陷现象时失效可能性的计算难题。

表 3-3　失效机理统计表

国内外已知失效机理（66 种）	新增 17 种单一失效机理（共 83 种）	新增 20 多种复杂失效机理
腐蚀减薄：盐酸腐蚀、硫酸腐蚀、磷酸腐蚀、保温层下腐蚀、高温硫化物腐蚀、环烷酸腐蚀	硝酸盐应力腐蚀 高温水应力腐蚀 应力松弛开裂 平面失稳 柱失稳 空泡腐蚀 微动磨损 接触疲劳 机械磨损 黏着磨损 辐照脆化 应变强化	$RCOOH+S$ $H_2S_xO_6+Cl$ NH_4Cl+H_2S $NaOH+Cl+H_2O$ $CO_2+H_2S+Cl+H_2O$ $H_2S+Cl+H_2O$ $H_2S+CO_2+H_2O$ $CO+CO_2+H_2O$ $Na_3PO_3+O+H_2O$ $Na_2OH+H_2S+H_2O$ Na_3PO_4+高温含氧 H_2O $CO+CO_2+H_2S+H_2O$
环境开裂：氯化物 SCC、碳酸盐 SCC、连多硫酸 SCC、胺开裂、氨开裂、湿硫化氢破坏、氢脆		
材质劣化：渗氮、球化、石墨化、渗碳、脱碳、σ 相脆化、475℃脆化、回火脆化		
机械损伤：机械疲劳、热疲劳、振动疲劳、汽蚀、蠕变、热冲击、应变时效		
其　　他：高温氢腐蚀、腐蚀疲劳、冲蚀、低温脆断、过热、蒸汽阻滞、耐火材料退化		

（2）石化装置基于风险的检验周期、检验检测优化方法　传统的检验方式存在大量的无效检验、过度检验或检验不足现象，未严格按照系统可能存在的失效模式来布置针对性的实施，不仅无法保证设备的本质安全，同时大量保温拆除、搭架、开罐等辅助工程费用开支以及过于频繁的停工检修，增加了石化

企业的检验费用，制约了企业生产效益。随着检测技术的发展和石化行业绿色、安全、长周期运行需求的日益增长，国内通过10余年的数据积累与分析，建立了一套系统的基于风险的检验周期、检验检测优化方法。

国内相关单位通过在2000余套石化装置上开展工程风险分析技术研究与应用，利用大量数据的统计分析，综合考虑了企业风险承受能力、管理水平、设备的失效可能性与失效后果等因素，提出基于失效模式的高失效因素判定依据，形成适应我国国情的石化装置设备"风险可接受准则"（图3-11），并建立了基于剩余使用寿命的风险可接受运行周期量化方法。以石化装置承压设备风险等级与损伤机理研究为基础，采用"风险可接受准则"，提出基于风险的装置检验周期、检验检测优化方法，将工艺管理与设备管理相结合，将设备目标风险与检验周期相协调，建立基于风险的装置腐蚀与检修一体化管理技术，制订了石化装置"4年（小修）-8年（大修）"检验周期管理策略，形成装置停工腐蚀检查技术与承压设备开盖率控制方法，进而解决高压换热器、塔器等设备开盖检验成本高，而通过外部检验能达到同等检验效率的难题。最终可实现装置设备平均减少无效检验比例超过20%，降低设备开盖率超过25%~50%，装置故障率下降30%，装置运行周期延长20%。

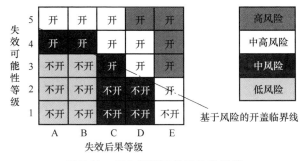

图3-11　压力容器开盖风险临界线

（3）风险评估专业分析软件　在国内引进基于风险的检验（RBI）技术初始，使用的RBI分析软件为DNV的ORBIT Onshore软件、法国BV的RB.eye软件等，在当时对国内开展RBI技术应用推广起到了很大作用，但其局限性也很明显：技术受制于国外；软件价格昂贵，不利于大面积推广；软件数据库与我国国情不符，且软件升级过程缓慢。在此背景下，合肥通用院联合中国特检院，借助检验检测与风险评估技术优势，开发了国内首套具有自主知识产权的风险评估软件"通用石化装置工程分析系统"（图3-12）。该软件是基于API 581、GB/T 26610、GB/T 30578方法和数据库的软件，其基本功能是对工厂装置、设备基础数据的采集保存以及设备损伤机理分析和风险计算。

与 DNV 的 ORBIT Onshore 软件相比，"通用石化装置工程分析系统"的不同之处在于其是一个全过程开放的软件，具有良好的用户界面。用户可在软件界面中任意输入、查看、调整装置设备（库区储罐）的设计数据、工艺数据和检验数据等，并可以根据装置本身的工艺特点添加腐蚀机理和实际腐蚀速率等参数。

软件能将所获得的数据随时储存、修改和调用，对风险评估和检验计划的制订更为精确，并能根据用户的具体需要分类输出或打印各种数据报告和表格，为用户掌握、管理装置（库区）及设备（储罐）情况提供了各种信息。

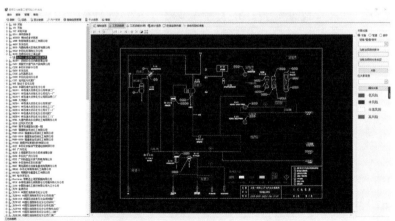

图 3-12　通用石化装置工程分析系统

（4）完整性操作窗口监测系统　国内定期检验是对设备当前安全状况的判断，并不能保证设备在下一使用周期内安全，如原料的劣化导致腐蚀加剧、工艺的波动致使腐蚀环境改变、系统中存在窜压和窜流等，这些因素都可能使设备在下一周期内发生严重的退化，并导致突然失效事故的发生。在此背景下，通过装置在运行过程中的腐蚀分析、损伤机理识别、操作控制、工艺监测、在线状态监测和实时预警，建立运行风险控制的完整性操作技术方法，将承压设备的安全边界转化为工艺操作边界，提出从设备、工艺协同开展石化装置设备完整性管理的新思路，奠定了全生命周期设备完整性管理的基础。

通过识别设备失效模式与损伤机理，提取设备特征安全参量，建立操作工艺与特征安全参量的关联规律、边界值等级与响应时间的对应关系，形成设备安全临界判别方法，并转化为装置操作员、工艺员能实时监控的操作参量，从操作层面解决设备运行过程中的风险控制问题，进而弥补了当前国内基于风险的管理技术在运行过程中的不足。通过开发通用完整性操作窗口软件（GIOW）系统，实现分散控制系统（Distributed Control System，DCS）、实验室信息管理系统（Laboratory Information Management System，LIMS）等系统数据与承压设备特征安全参量的数据融合，自动识别石化装置腐蚀回路与设备的损伤机理，并进行腐蚀分析与计算，实现操作值越界预警的功能；通过工艺操作与安全的自动预警，填补了承压设备在线风险监控系统的空白，可用于装置腐蚀回路管理、工艺管理、腐蚀监测管理，指导装置的设备工艺防腐，并在茂名石化、福建联合石化等数十家石化企业 80 余套石化装置的 1200 余条腐蚀流上开展应用，其中福建联合石化大乙烯项目实现了首检 5 年安全长周期运行。

▶ **3. 风险评估技术在国内的应用案例**

以国内某千万吨级炼油企业为例，介绍开展基于 RBI 检验策略应用的具体情况。表 3-4 为开展基于 RBI 检验策略应用的装置与设备明细。

表 3-4　开展基于 RBI 检验策略应用的装置与设备明细

名称	设备数量（台）	管道数量（条）
常减压	256	491
催化裂化	221	633
延迟焦化	316	291

（1）装置风险评估情况　常减压装置风险评估关注的重点腐蚀部位在常压塔顶冷却系统、常一线、常底高温油浆系统以及减压塔顶冷却系统、减一线、减底高温油浆系统等。高风险设备 0 台，中高风险设备 25 台，占装置设备总数的 9.8%；高风险管道 1 条、中高风险管道 37 条，各占装置管道总数的 0.2% 与7.5%，装置设备与管道风险分布情况（一）如图 3-13 所示。

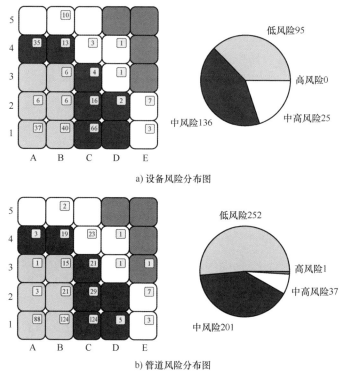

a) 设备风险分布图

b) 管道风险分布图

图 3-13　装置设备与管道风险分布情况（一）

催化裂化装置的重点腐蚀部位位于反应器与再生器的内构件、分馏塔顶部及顶部冷却系统、分馏塔底部及底部高温油浆系统、回炼油系统、富气压缩系统、再吸收塔顶干气系统等。高风险设备 1 台、中高风险设备 21 台，各占装置设备总数的 0.45% 与 9.5%；高风险管道 9 条、中高风险管道 36 条，各占装置管道总数的 1.4% 与 5.7%，装置设备与管道风险分布情况（二）如图 3-14 所示。

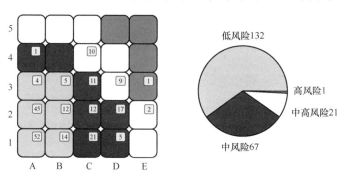

a) 设备风险分布图

图 3-14　装置设备与管道风险分布情况（二）

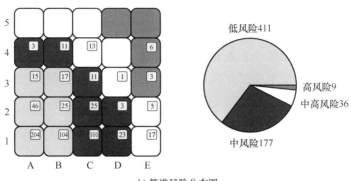

b) 管道风险分布图

图 3-14　装置设备与管道风险分布情况（二）（续）

延迟焦化装置的重点腐蚀部位位于加热炉出口高温油气管线、焦炭塔底及塔顶油气系统、分馏塔顶部及顶部冷却系统、分馏塔底部及底部高温油浆系统、富气压缩系统等。高风险设备 4 台、中高风险设备 28 台，各占装置设备总数的 1.3% 与 9.0%；高风险管道 4 条、中高风险管道 40 条，各占装置管道总数的 1.4% 与 13.8%，装置设备与管道风险分布情况（三）如图 3-15 所示。

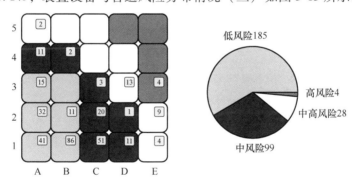

a) 设备风险分布图

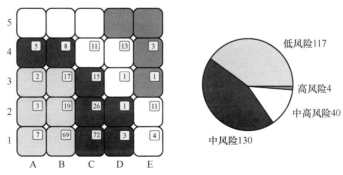

b) 设备风险分布图

图 3-15　装置设备与管道风险分布情况（三）

（2）企业认为"不可接受风险"设备与管道统计情况　当装置中设备与管道的失效概率或失效后果达到不可接受的临界值时，设备的风险等级超出了企业的可接受范围，极可能给企业带来失效造成重大的人员伤亡或经济损失。由于不同的石化企业所能承受的损失各不相同，且各企业之间的管理水平也存在差异，因此其"不可接受风险"的程度也不尽相同。图 3-16 所示为装置不可接受风险设备与管道数量统计。

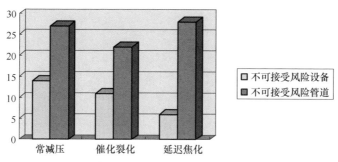

图 3-16　装置不可接受风险设备与管道数量统计

通过风险评估，按照装置的风险排序，对部分装置划分"不可接受风险"曲线。常减压装置、催化裂化装置、延迟焦化装置的不可接受风险设备与管道分别约占装置设备与管道总数的 5.5% 和 5.3%、4.9% 和 3.5%、1.9% 和 9.6%。

（3）基于 RBI 的检验策略　在常减压装置的 256 台设备（包括非压力容器）中，93 台设备须在 2015 年进行全面检验，163 台设备可延到下一周期（按 4 年一周期至 2019 年）进行检验；共 491 条管道中，272 条管道须在 2015 年进行全面检验，219 条管道可延到下一周期（按 4 年一周期至 2019 年）进行全面检验。该装置有 68 台设备建议开盖检验，其余设备企业可根据实际情况选择开盖或不开盖。检验周期、检验方法与比例统计情况（一）见表 3-5。

催化裂化装置共 221 台设备中，87 台设备按期进行全面检验，其余设备可延到下一周期（按 4 年一周期，运行周期 8 年）进行检验；共 633 条管道中，241 条管道按期进行全面检验，392 条管道可延到下一周期（按 4 年一周期，运行周期 8 年）进行全面检验。该装置有 85 台设备建议开盖检验，其余设备企业可根据实际情况选择开盖或不开盖。检验周期、检验方法与比例统计情况（二）见表 3-6。

表 3-5 检验周期、检验方法与比例统计情况（一）

类型	设备		管道	
统计	数量	比例	数量	比例
数量	256		491	
一周期检验数量	93	36.3%	272	55.4%
二周期检验数量	163	63.7%	219	44.6%
开盖检验数量	68	26.6%	—	—
MT/PT（台/条）	56	21.9%	90	18.3%
UT/RT（台/条）	30	11.7%	90	18.3%
硬度/金相	无	0%	无	0%

表 3-6 检验周期、检验方法与比例统计情况（二）

类型	设备		管道	
统计	数量	比例	数量	比例
数量	221		633	
一周期检验数量	87	39.4%	241	38.1%
二周期检验数量	134	60.6%	392	61.9%
开盖检验数量	85	38.5%	—	—
MT/PT（台/条）	95	43.0%	194	30.6%
UT/RT（台/条）	82	37.1%	48	7.6%
硬度/金相	3	1.4%	8	1.3%

　　延迟焦化装置共 316 台设备中，79 台设备按期进行全面检验，其余设备可延到下一周期（按 4 年一周期，运行周期 8 年）进行检验；共 291 条管道中，181 条管道按期进行全面检验，110 条管道可延到下一周期（按 4 年一周期，运行周期 8 年）进行检验。该装置有 70 台设备建议开盖检验，其余设备可根据实际情况选择开盖或不开盖。检验周期、检验方法与比例统计情况（三）见表 3-7。

表 3-7　检验周期、检验方法与比例统计情况（三）

类型	设备		管道	
统计	数量	比例	数量	比例
数量	316		291	
一周期检验数量	79	25.0%	181	62.2%
二周期检验数量	237	75.0%	110	37.8%
开盖检验数量	70	22.2%	—	—
MT/PT（台/条）	124	39.2%	127	43.6%
UT/RT（台/条）	65	20.6%	44	15.1%
硬度/金相	4	1.3%	38	13.0%

（4）检验费用对比　基于风险的检验通过优化检验周期、优化检修费用配比、缩小每个周期的停机检修范围、缩短每次检修的时间、减小每次检修的比例、减小检修辅助工程量等，以达到优化与节约检验费用，并提高每次检修的可靠性。图 3-17 所示为装置检验费用分布与比较。

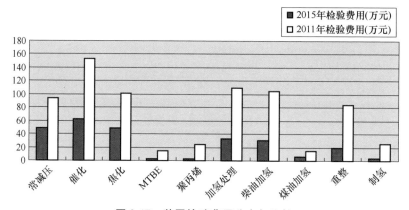

图 3-17　装置检验费用分布与比较

通过对炼化常减压、催化裂化、加氢等 20 余套装置，开展基于 RBI 检验策略的工程应用，进而实现以下几个方面：通过 RBI，确定装置中压力容器与压力管道风险等级和风险范围；根据 RBI 检测结论，明确压力容器、压力管道潜在损伤机理，制订有效降低风险的检验策略，确定合理的检验范围、检验手段及方式，尽可能地节约装置大检修时的检验费用；制订基于 RBI 的检验计划，通过在线检验、在线监测等降险措施，减少"不可接受风险"设备或管道，尽量实现装置设备与管道检验周期的统一，为装置长周期安全运行提供必要的依据；加强设备管理体系，指导装置检修及安全生产管理。

3.2　在役承压设备合于使用评价

承压设备在制造焊接时不可避免会产生缺陷，在使用过程中因载荷、介质等因素会萌生缺陷、出现材料微观组织或力学性能退化等损伤，造成设备承载能力下降。对于这些在役承压设备，如果盲目维修或报废，无法保证经济性；而不加分析任意使用，则难以确保安全。为此，工程界提出"合于使用"的原则，在考虑经济性的基础上，对设备进行合于使用评价（安全评定），科学分析不同类型损伤对结构完整性的影响，在保证设备安全运行的前提下，避免不必要的维修和报废造成的巨大经济损失，践行"绿色"发展理念，实现经济性和安全性的统一。

▶▶ 3.2.1　一般环境

20 世纪 70 年代，当时由于我国制造水平低下，许多承压设备"带病"投入使用，导致设备事故频发。1970—1979 年这 10 年间，我国承压设备发生事故2000 余起，死伤 6000 余人，直接经济损失 4 亿~5 亿元，间接经济损失超过百亿，年爆炸事故率是发达国家的 10 倍以上。为此，原机械部合肥通用机械研究所组织华东化工学院（现华东理工大学）、浙江大学、清华大学、劳动部锅检中心等国内科研机构，探索将断裂力学应用到含超标缺陷压力容器安全评定方法，建立了 COD 弹塑性断裂韧性、含缺陷压力容器断裂和疲劳、单通道及双通道声发射仪等检测和试验装置，解决了压力容器用钢断裂疲劳性能测试、不规则缺陷当量化、几何不连续部位应变计算、表面裂纹计算评定、焊接残余应力影响规律、断裂推动力计算、疲劳裂纹扩展规律试验、埋藏缺陷超声波"四定"（定性、定深、定高、定长）技术等关键技术难题，形成了以 COD 设计曲线为基准的我国第一部缺陷评定规范 CVDA—1984《压力容器缺陷评定规范》。之后，伴随国际含缺陷结构完整性评估技术的发展，"八五""九五"期间在国家科委重点科研、国家科技攻关等项目支持下，针对缺陷声发射检测、角焊缝检测、体积型缺陷和平面型缺陷安全评估、高应变区缺陷等开展了系统试验和研究，在消化吸收 EPRI、R6 失效评定图方法的基础上，提出了压力容器断裂及塑性失效评定的三级技术路线，再经过 10 年的工程经验积累、验证总结与凝练，形成GB/T 19624—2004《在用含缺陷压力容器安全评定》（现行标准为 GB/T

19624—2019）国家标准。CVDA—1984 和 GB/T 19624—2004 标准的广泛应用，解决了当时遗留的一般环境大量含超标缺陷压力容器的安全保障技术难题，使得数万台含缺陷压力容器的隐患得到治理。

3.2.2 苛刻环境

20 世纪末，伴随全球原油品质劣化、能源结构调整以及社会生产的发展，压力容器服役条件不断向高温、腐蚀等苛刻环境发展，介质苛刻化带来的压力容器安全性问题日益突出。

1. 高温环境

高温结构合于使用评价技术是一项复杂的系统工程，与蠕变范围下承压设备的主要失效模式相比，高温承压设备除了具有常规的脆性断裂、塑性垮塌、棘轮变形等失效模式之外，还具有与时间相关的蠕变、疲劳及其交互作用失效模式，这些失效模式的影响因素很多、失效机理也很复杂，相应的安全保障技术难度也更大。国外针对高温环境下设备失效模式已建立了相应的高温承压设备结构完整性评定规范，如英国的 BS 7910 和 R5、美国的 ASME N-47、法国的 RCC-MR A16 等。国内"十五"期间，合肥通用院、华东理工大学等科研机构在国家项目的支持下，开展了高温环境缺陷超声波检测、典型钢种高温疲劳裂纹扩展、典型钢种高温疲劳行为及损伤评估、免于蠕变失效评定、高温断裂判据、高温含缺陷设备安全评估等方面的科技攻关，解决了高温环境下的危险源检测、高温疲劳损伤评估、疲劳裂纹扩展规律、以高温蠕变及塑性垮塌为主要失效模式的安全评定技术难题。"十一五"至"十二五"期间，针对多级加载条件、多裂纹和多材料的复杂结构，研究了多种材料及结构的蠕变裂纹扩展规律，建立了多裂纹间的干涉、合并及规则化方法，形成多级加载蠕变疲劳寿命预测技术；针对高温重要承压设备结构，开展了无缺陷构件蠕变疲劳裂纹萌生、含缺陷构件蠕变疲劳断裂起裂等研究。通过这些研究，积累了典型承压设备材料高温性能数据，建立了单一和复杂加载条件下的蠕变疲劳寿命预测技术方法、高温无缺陷结构蠕变疲劳裂纹萌生评估方法、高温含缺陷结构与时间相关的失效评定图技术方法（图 3-18）。相关研究成果编制形成 JB/T 12746—2015《含缺陷高温压力管道和阀门安全评定方法》，为我国高温含缺陷设备完整性评定提供标准依据。

2. 腐蚀环境

自"九五"开始，合肥通用院、南京工业大学、浙江工业大学、中国

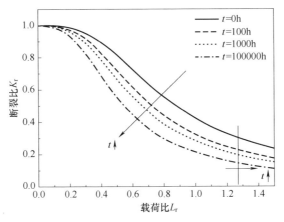

图 3-18　JB/T 12746 蠕变裂纹起裂判断（与时间相关的失效评定图）

特检院、浙江大学、浙江理工大学等研究机构针对腐蚀环境下压力容器合于使用评价技术持续开展了深入的研究。在国家科技攻关课题的支持下，"九五"期间针对湿 H_2S、无水液氨、Cl^- 以及临氢环境，考虑应力腐蚀、腐蚀疲劳、氢损伤等失效模式，开展了大量试验研究，获得了典型介质环境下应力腐蚀开裂门槛条件、氢损伤发生机理、裂纹扩展速率（图 3-19）及典型介质环境腐蚀疲劳加速因子，建立了应变疲劳寿命预测方法。在随后的"十五"至"十一五"期间，针对硝酸盐应力腐蚀开裂、高温环烷酸腐蚀、碳酸盐应力腐蚀开裂开展了深入研究，开发了腐蚀疲劳、高温高硫酸/环烷酸腐蚀等试验装置，建立了高温环烷酸腐蚀检测及预测技术方法、焊缝金属氢致开裂缺陷检测与评价方法、焊接接头湿硫化氢腐蚀损伤评价方法等。针对加氢空冷器系统复杂腐蚀环境，通过流动腐蚀机理分析、数值模拟、试验测试及现场验证，建立了高压空冷器管束垢下腐蚀与多相流冲蚀诊断技术方法，开发了流动腐蚀实时专家诊断系统，解决了加氢裂化装置高压空冷系统腐蚀监测诊断的技术难题。近年来，又针对复杂介质环境，如奥氏体不锈钢在 Cl^-、H_2S、CO_2、H_2O 等介质共存、奥氏体不锈钢在 Cl^- 与碱环境共存时等，在试验研究和工程失效案例分析基础上，探明了不同介质参数单独或交互作用对材料腐蚀的影响规律，建立了复杂腐蚀介质环境主导失效模式的判别方法。相关研究成果编制形成 GB/T 35013—2018《承压设备合于使用评价》，为腐蚀环境承压设备的安全保障发挥了重要作用。图 3-20、图 3-21、图 3-22 分别所示为 16MnR 钢和奥氏体不锈钢的腐蚀形貌。

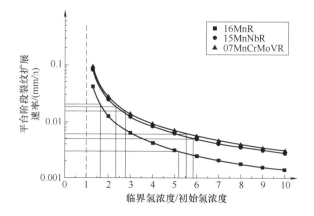

图 3-19　湿硫化氢环境裂纹扩展速率

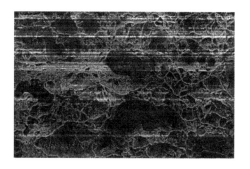

图 3-20　16MnR 钢碳酸盐应力腐蚀断口形貌

图 3-21　奥氏体不锈钢晶间腐蚀宏微观形貌

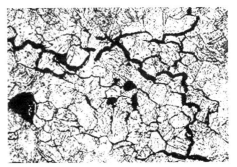

图 3-22　奥氏体不锈钢晶间应力腐蚀宏微观形貌

3.3　在役压力容器的检测监测预警

　　压力容器服役过程中受工艺介质波动、工况调整及材质劣化等因素综合作用，往往会发生腐蚀减薄、开裂、蠕变变形等损伤。为保障压力容器的服役安全，需要从压力容器的安全状况及服役条件综合考虑，对其进行定期或不定期的检测监测。在原国家质检总局等政府机构组织下，以合肥通用院、中国特检院等为代表的研究机构，浙江大学、华东理工大学、南京工业大学、浙江工业大学等高校，各石化设计院以及钢材生产企业，特别是以中石化、中石油等为代表的国内用户企业的共同努力下，围绕在役压力容器安全保障技术开展了一系列创新研究，促进了在役压力容器检测监测及预警技术进步。本节主要从腐蚀减薄、环境开裂、材质劣化和机械损伤四大类失效模式出发，介绍相应的检测监测技术及其进展。

⫸ 3.3.1　在役压力容器失效模式及检测监测

⫸ 1. 腐蚀减薄及其检测技术

　　腐蚀减薄是指在腐蚀性介质作用下金属发生损失造成的壁厚减薄。腐蚀减薄的发生主要由酸性介质腐蚀、碱性介质腐蚀、高温氧腐蚀、大气腐蚀、土壤腐蚀和微生物腐蚀等引起。在使用压力容器的石化等流程装置中，盐酸、硫酸、氢氟酸、磷酸、高温环烷酸等是常见的腐蚀性介质。压力容器的腐蚀减薄量主要通过基于声学和电磁学的检测方法进行检测。

　　（1）基于声学的腐蚀减薄检测技术　基于声学的腐蚀减薄检测技术是指通过处理在金属壁中传播的声波信号，获得壁厚与声波特征之间的关系，实现压力容器的壁厚检测。考虑不同声波激励方式，基于声学的腐蚀减薄检测技术可分为常规超声、电磁超声、超声导波等技术，前两种主要用于腐蚀减薄定量检测，后者主要用于腐蚀减薄定位检测。

基于超声体波的压力容器腐蚀减薄检测技术目前最为成熟、应用最广，主要包括常规超声检测技术和电磁超声检测技术，按工作原理可分为共振法、干涉法及脉冲反射法等，其中脉冲反射法以其灵敏度高、信号处理精度高、操作方便的优势在压力容器腐蚀减薄常规检验中被广泛应用。常规超声由压电陶瓷激励超声波，实现机械能和电能的互相转换，在测量过程中需要在探头与被测表面间填充耦合剂。电磁超声利用电磁耦合方法激励和接收超声波，与常规超声相比，具有无须耦合剂、非接触、适用于高温环境以及易激发多种声波模态等优点，在工业应用中正受到更多的关注和重视。

常规超声通过准确测量声波在材料中传播的速度和飞行时间来确定被测材料的厚度。通常情况下，减薄面积越大，反射回波幅值越大，越容易被检出，因而，具备面积型特征的腐蚀减薄检出率较高。该技术适用于金属、非金属材料，具有快速、准确、无污染、指向性良好等优点，尤其是在只允许单侧检验的场合，更能显示其优越性，广泛用于压力容器锻件、板材、管材的壁厚及锅炉容器的壁厚和局部腐蚀测量，在冶金、船舶、机械、化工、电力、原子能等各工业部门的产品检验、设备安全保障中发挥着重要作用。

采用常规压电晶片激励时，为克服超声波在空气层中的剧烈衰减，通常需要通过耦合剂排出探头与被测表面之间的空气；当被测部位存在高温时，如何避免高温对压电晶片的影响以及如何选择高温耦合剂，是常规超声腐蚀减薄检测中存在的主要难点。在这方面，电磁超声克服了常规超声在高温、耦合等方面存在的不足，可以用于高温压力容器的检测。

电磁超声是利用电磁感应原理激发超声波进行无损检测的一种非接触式检测技术，具体过程是被测金属表面在交变磁场中产生涡流，在静态偏置磁场作用下产生洛伦兹力或磁致伸缩力，进而使金属近表层产生机械应力波，以超声波的形式在金属壁面内传播。该超声波激发效应具有可逆性，可以通过接收装置进行接收并放大显示。与常规超声相比，电磁超声无须耦合剂，且可实现 $300 \sim 600 ℃$ 高温表面的短时检测，这些优点是常规超声不具备的。由于电磁超声技术只适合于金属材料的检测，相较于压电换能器，其电声转换效率较低，检测灵敏度也稍低，探头提离效应显著，这些是电磁超声技术亟待解决的问题。典型的电磁超声仪器生产企业如美国 Innerspec、英国 Permasense、日本 Olympus、韩国 Raynar，国内零声科技、中科创新、汕头超声、钢研纳克等企业也都已开发出相关产品。

超声导波是一种沿着被检测构件有限的边界形状快速传播并被构件边界形状所约束、所导向的机械弹性波，具有检测距离长、覆盖范围广、检测效率高的优点，其工作原理是利用探头阵列发出一束超声能量脉冲，在管壁或板材壁面往复反射并沿壁面向远处传播，当遇到内外壁腐蚀或缺陷引起的金属损失时，因壁面厚度的改变而在缺损处产生反射波，通过探头阵列检测反射回波即可探测材料壁面缺陷的位置、大小和腐蚀状况。超声导波检测仪可自动识别导波的模式，能够区分管道的腐蚀状况和特征。美国西南研究院采用基于磁致伸缩原理的超声导波系统进行检测；我国华中科技大学和中国特检院等机构在国家课题支持下，成功开发了基于磁致伸缩原理的超声导波系统，用于各类压力容器及管道的腐蚀减薄检测，对于架空管道检测范围可达±（170～200）m，对于埋地管道检测距离可达几十米，定位精度为±10cm。

（2）基于电磁学的腐蚀减薄检测新技术　除上述基于声学的腐蚀减薄检测技术外，近年来随着电子技术及信息处理技术的发展，其他基于电磁原理的腐蚀减薄检测技术也得到快速发展，如基于脉冲涡流和基于电场矩阵的检测方法。

涡流检测技术是利用电磁感应原理使金属材料在交变磁场作用下产生涡流，根据接收的涡流信号大小和分布，检测铁磁性材料和其他导电材料的缺陷，或用以分选材质、测量膜层厚度和工作尺寸以及材料的某些物理性能。涡流检测技术适用于各种导电材质的试件，包括各种钢、钛、镍、铝、铜及其合金等，可以检测出表面和近表面缺陷。因为采用非接触形式检测，且检测结果以电信号输出，所以其检测速度快，且很容易实现自动化测量。涡流检测的主要缺点是由于趋肤效应，埋藏较深的缺陷无法被检出。

涡流检测技术主要分为以下几种。

① 远场涡流（Remote Field Eddy Current，RFEC）检测技术是一种利用远场涡流效应穿过金属管壁的低频涡流检测技术，主要用于管子（换热管）的检测。远场涡流检测技术不是测量线圈阻抗的变化，而是测量检测线圈的感应电压与激励电流之间的相位差，该方法克服了常规涡流检测由于趋肤效应带来的局限性，适用于检测铁磁性和非铁磁性管子表面及内部缺陷，可以灵敏地检测管壁内外表面的凹坑、裂纹和总的壁厚减薄。

② 多频涡流（Mutilfrequency Eddy Current，MEC）检测技术是美国的 Libby 于 1970 年首先提出的检测方法，其基本原理是将几个不同频率信号同时施加于探头线圈上，以此得到几个频率在同一条件下所反映的涡流场变化，并把不同频率的检测信号进行矢量运算以消除干扰，可以有效抑制干扰因素，实现多参数测量。

③ 多点涡流检测技术可以兼顾检测灵敏度与有效检测深度，当检测频率高时表面的检测灵敏度高，但有效检测深度不足；反之，检测频率低，则有助于加大有效检测深度，但表面缺陷信号较小；采用两个或多个频率的信号同时进行检测，再赋予不同的参数配置（场强、增益、相位），即可满足不同层深、不同形状缺陷的可靠检测。

电场矩阵技术是一种以欧姆定律和电场分布为理论基础，基于电位列阵的金属设备、管道在线腐蚀监测方法。探针列阵分布在被测设备外壁，具有直接检测局部典型范围内在役设备的壁厚腐蚀量、腐蚀速率、坑蚀、焊缝腐蚀、冲蚀的能力。与传统的腐蚀检测方法相比，电场矩阵腐蚀监测系统为直接接触型传感器，具有监测结果直观、无损快速安装、安全性好、使用寿命长等优点；适用于管道弯头、T形接头、焊缝等复杂形体以及高温高压部位的腐蚀监测。由于该技术通过电场矩阵原理解决了高温耦合问题，因而适合于高温条件下腐蚀减薄的在线测量。沈阳中科韦尔开发的电场矩阵腐蚀在线监测系统已在中石化洛阳石化、青岛炼化等企业应用。

▶ 2. 环境开裂及其检测技术

依据 GB/T 30579 标准说明，环境开裂是指在腐蚀性介质作用下材料发生的开裂。环境开裂具体可分为应力腐蚀开裂（Stress Corrosion Cracking）、氢脆或氢致开裂（Hydrogen Induced Cracking）和腐蚀疲劳断裂（Corrosion Fatigue Cracking）三种，主要包括硫化物应力腐蚀开裂、连多硫酸应力腐蚀开裂、氯化物应力腐蚀开裂等。环境开裂敏感性的影响因素包括材料类型、机械性能和敏感性、运行温度和压力、关键工艺腐蚀物（如氯化物、硫化物等）浓度、制造信息（如焊后热处理等）。对于在运行维护阶段承受应力腐蚀或腐蚀疲劳的压力容器，英国标准 BS 7910 给出了裂纹类缺陷评价的指导性意见，包括裂纹是否发生扩展的判定、临界应力强度因子或其变化范围的试验测定、裂纹扩展速率的试验测定等。

与腐蚀减薄时金属从表面逐渐溶解不同，裂纹是材料在应力或环境（或两者同时）作用下产生的裂隙，当裂纹与压力容器表面平行时，表现为表面龟裂或剥离裂纹；当裂纹垂直于表面时，表现为穿透裂纹。无论哪种形式的裂纹，都会导致压力容器承压能力下降，容器发生失效。

压力容器的环境开裂是引发压力容器失效的最重要因素，相应地对裂纹的检测是无损检测的主要内容之一。当压力容器的材料内部形成裂纹时，可以利用裂纹界面对声、电、磁等信号的反射来进行相应的检测。

（1）基于磁粉及渗透的环境开裂检测技术　磁粉检测具有应用简单、显示直观、操作简单等优点，是常用的环境开裂检测技术之一，其原理是材料发生表面裂纹时，当磁粉进入由于裂纹而引起的漏磁场时，就会被吸附，从而形成磁痕。由于漏磁场比裂纹宽，故积聚的磁粉可以用肉眼观察到。该方法也存在明显的缺点：①检测前必须对被检表面进行处理，这显著增加了检测成本与检测时间；②由于采用目视，检测结果易受人为因素影响，降低了检测的准确度及可靠性；③无法检测疲劳裂纹。

渗透法是利用毛细现象来进行检测的方法，其原理是采用有色或带有荧光的、渗透性很强的液体，涂覆于表面光滑经清洁处理的金属表面；由于液体渗透性强，能沿着裂纹渗透到其根部点，将表面的渗透液洗去后再涂上对比度较大的显示液；由于裂纹很窄使毛细现象作用显著，原渗透到裂纹内的渗透液上升到表面并扩散，在衬底上显出较粗的线条，从而显示出裂纹露于表面的形状；通过人工观察或在紫外灯照射下观察，从而分辨表面裂纹的方法。渗透法可用于金属和非金属表面检测，该方法对表面开口裂纹检测的灵敏度很高，但对表面有涂层的工件效果不佳。

（2）基于射线的环境开裂检测技术　射线检测技术是利用 X 射线或 γ 射线穿透试件，当射线遇到试件中存在的缺陷时产生强度差异，通过测量这种差异来探测缺陷，并以胶片作为记录信息的无损检测方法。射线检测技术用于环境开裂的检测具有明显的优缺点：以胶片记录的检测结果可获得缺陷的投影图像，缺陷定性准确、体积型缺陷检出率高，但面积型缺陷因受多种因素影响而检出率低；适宜检验厚度较薄的工件，不适用于较厚的工件；适宜检测对接焊缝，检测角焊缝效果差；不适宜检测板材、棒材及锻件、缺陷定位，并具有尺寸确定困难、检测成本高、检测速度慢及需要特殊防护等缺点。用于裂纹检测时，影响裂纹检出率的关键是胶片对影像细节的显示能力；大多数情况下裂纹的识别要靠影像细节（如尖端、黑丝、分叉）来判断，当裂纹尺寸很小时，采用射线检测的检出率会受到影响。通常情况下，材料越厚采用射线检测时裂纹检出率越低，但对薄试件，只要选取的角度合适，胶片灵敏度符合要求，裂纹检出率可以达到 0.05mm 以上。近年来借助电子技术与计算技术的发展，射线检测由传统有胶片检测发展出计算机辅助成像、数字射线检测、计算机层析成像、康普顿成像等多种新型检测技术和方法，检测内容由常规的缺陷检测向材料的组织结构、残余应力、构件累积损伤等方向发展。

当前，一方面射线检测技术正朝快速化、便携化、通用化方向发展，满足多种条件下快速检测的需求；另一方面射线检测技术也朝专业化、大型化、高能化方向发展，实现对大型构件的检测或快速在线检测。

（3）基于声学的环境开裂检测技术　声学检测主要包括主动式的超声检测和被动式的声发射检测两类。超声检测利用声波在材料中传播遇裂纹或遇不连续界面时发生反射或衍射，通过接收分析经材料传播后的超声波信号，获取被检对象信息，对其中的缺陷、损伤、几何特性、组织结构和力学性能进行检测、表征和评价。声发射检测是通过探测和分析承载条件下材料内部产生的声发射信号来获得材料缺陷、应力变化等信息的检测手段。超声检测和声发射检测都是相对成熟的缺陷检测技术。合肥通用院、中国特检院等单位联合国内相关无损检测技术机构，编制了超声和声发射缺陷检测的行业标准 NB/T 47013.3《承压设备无损检测　第 3 部分：超声检测》和 NB/T 47013.9《承压设备无损检测　第 9 部分：声发射检测》，对利用上述技术开展缺陷检测进行了规范。

超声检测技术用于环境开裂的裂纹检测时，最常用的是脉冲回波法，即通过测量缺陷反射回波信号的传播时间，来确定缺陷和表面之间的距离，同时也可以利用超声波的脉冲回波幅值，来分析缺陷的大小。作为一项日益完善的检测技术，近年来在传感器及检测技术发展的推动下，基于声学的检测新技术不断发展，比较成熟的新技术包括超声相控阵技术、超声波衍射时差法（TOFD）技术、导波技术、非线性超声技术等。超声相控阵技术是利用多个独立压电晶片组成的传感器阵列，通过设置探头中每个晶片的激发时间，从而控制波束的偏转角度、聚焦位置和焦点能量的检测方法。TOFD 是依靠从待检试件内部特征（主要是指缺陷）的"端角"和"端点"处得到的衍射信号来检测缺陷的方法，用于缺陷的检测、定量和定位。与用于腐蚀减薄检测原理相同，导波技术也可以用于环境开裂的裂纹检测。值得指出的是，非线性超声技术是一种基于材料的非线性弹性本构关系的检测方法，由于材料非线性的作用，超声波的波形会呈现出不同程度的畸变，并产生次谐波和高次谐波，此外，基波信号幅值和相位也可能发生非线性变化，因此，利用这些特性可对早期损伤、微裂纹、弱粘接进行检测和定量，相较于常规超声检测技术，这种方法对材料的微尺度变化更为敏感。

声发射检测技术是通过探测材料受力时内部发出的应力波，来判断内部结构损伤的一种动态无损检测方法。材料或结构受外力或内力作用时产生变形或断裂，以弹性波的形式释放出应变能的现象称为声发射。与常规的 X 射线、超声波检测不同，声发射检测是通过被动接收材料内部结构损伤开裂时的声波信号来进行测量的，因而这种方法主要检测活性缺陷。针对材料的马氏体相变、裂纹扩展、应力腐蚀以及焊接过程产生裂纹和飞溅等存在的声发射现象，检测其声发射信号，就可以连续监测材料内部变化的整个过程。在压力管道、压力容器、起重机械等产品的载荷试验工程中，若使用声发射检测仪器进行实时监测，既可弥补常规无损检测方法的不足，也可提高试验的安全性和可靠性。合肥通用院、中国特检院等研究机构将声发射检测技术应用于压力容器的试验过程监测、国家战略储备油库大罐底板的腐蚀监测以及埋地管道的泄漏监测等场合，都取得较好的效果。

（4）基于磁场的环境开裂检测新技术　基于磁场的检测技术是应用较为广泛的环境开裂检测方法之一，已发展出漏磁检测技术、金属磁记忆检测技术、交流磁场检测技术及电位法检测技术等。漏磁检测技术是目前已广泛用于石化管道和大型常压储罐的一种无损检测技术。压力容器用材为铁磁性材料时，当材料被外加磁化装置磁化后，材料内可产生感应磁场；若材料存在应力集中或开裂等缺陷时，磁力线会泄漏到材料外部，通过测量漏磁场的分布可实现裂纹等缺陷的检测。金属磁记忆检测技术是一种利用金属磁记忆效应来检测部件应力集中部位的快速无损检测方法。该方法克服了传统无损检测的缺点，能够对铁磁性金属构件内部的应力集中区，即微观缺陷、早期失效和损伤等进行诊断，防止突发性的疲劳损伤，是无损检测领域的一种新的检测手段。交流磁场检测技术是 20 世纪 80 年代由英国开发的无损检测技术，主要用于金属表面裂纹长度和深度的检测；据报道，英国 TSC 公司研发的手持式交流磁场检测仪可检测裂纹的最大深度达 33mm，最小长度为 5mm，且适用于金属试件表面带有厚度达 5mm 的非导体。目前，国内企业开发的检测仪适用于裂纹深度为 30mm、最小长度为 3mm、表面非导体涂层厚度为 3mm 的场合。电位法检测技术（基于电场的裂纹检测方法）是利用通有电流的试件，其表面各点的电位分布与试件及其缺陷的几何形状和尺寸有关，通过测量试件表面各点的电位分布，来获取试件表面裂纹尺寸等信息。

此外，远场涡流检测技术、涡流阵列检测技术及磁光涡流检测技术等都可用于裂纹的检测。

⧉ 3. 材质劣化及其检测技术

材质劣化是在服役环境作用下材料微观组织或力学性能发生明显退化的现象。引起材质劣化的原因很多，大多与服役环境有关，如压力容器在应力作用下金相组织发生位错、高温环境引发的材料组织中微量元素的重新分布，以及临氢环境下氢原子进入材料与微量元素反应引发的材料性能下降等。依据 GB/T 30579 标准，材质劣化形态包括晶粒长大、渗氮、球化、石墨化、渗碳、脱碳、σ 相脆化、475℃脆化、回火脆化、辐照脆化、钛氢化、再热裂纹、脱金属腐蚀、敏化-晶间腐蚀共 14 种。

材质劣化的后果通常是因为组织形态发生改变或力学性能发生改变，从而导致压力容器的承压能力发生变化，或由于材料脆性增加、塑性降低导致开裂，或由于力学性能发生变化导致强度降低进而发生蠕变失效，或由于材料组织微量元素发生变化导致易发生特定形态的腐蚀。无论何种失效机制，材质劣化的最终后果是导致发生腐蚀减薄、环境开裂或蠕变失效。

在通常情况下，材质劣化是材料产生缺陷的早期形式，可以通过相应的金相分析、硬度检测、扫描电镜及力学性能检测等方式进行早期检测，而当材质劣化发展到后期引发裂纹或腐蚀减薄时，可以用腐蚀减薄或环境开裂的有关检测方法进行检测。

（1）金相分析　金相分析是通过观察金属材料微观金相组织来对材料进行检测的方法，其目的主要有判断不明材料的类别、检验材料质量和热处理状态、检查焊接质量、检验热处理效果、检测材料晶粒度、检测材料中的微观缺陷、检查长期高温环境下材料可能发生的珠光体球化及石墨化、检查腐蚀环境下可能产生的晶间腐蚀或应力腐蚀裂纹、检查高温高压临氢环境下的氢损伤以及判定腐蚀或断裂类型等。

金相分析需要在检验部位打磨出平整的金属磨面，并按顺序用从粗到细不同号的砂布或研磨膏打磨金属磨面，用抛光液或抛光膏将磨面抛光成镜面，再采用合适的试剂对观测面进行浸蚀，使金相组织显露更清楚。通过对金相显微组织的观察来测量和计算确定合金组织的三维空间形貌，从而建立合金成分、组织和性能之间的定量关系。目前金相组织可以借助计算机软件进行自动分析，但金相分析的前期工作，包括取样和试样表面处理等仍需手工进行。

（2）硬度检测　硬度检测是检测材料性能的重要方法之一，也是快速经济的试验方法之一。硬度是材料抵抗硬物压入其表面的能力。根据试验方法和适应范围的不同，硬度单位可分为布氏硬度、维氏硬度、洛氏硬度等，不同的单位有不同的测试方法，适用于不同特性的材料或场合。硬度检测能反映出材料在化学成分、组织结构和处理工艺上的差异，因此成为力学性能试验的常用方法之一。

材料硬度与其强度存在着一定的比例关系，对金属材料而言，其抗拉强度近似等于三分之一的布氏硬度值。在材料化学成分中，大多数合金元素都会使材料的硬度升高，其中碳对材料硬度的影响最直接，材料中的碳含量越大其硬度越高，因此硬度试验有时用来判断材料强度等级或鉴别材质。不同的硬度检测方法用于压制压痕的压头不同（布氏硬度为规定直径的硬质合金球、洛氏硬度为圆锥或硬质圆球、维氏硬度为正棱角锥体），对压制出的压痕进行测量的几何尺寸也不同（布氏硬度为压痕直径、洛氏硬度为压痕深度、维氏硬度为压痕对角线平均长度）。

服役阶段压力容器的硬度检测是一种常用的简单、方便和低成本的检测方法，具有简单、便携、快速的特点，但检测过程无法自动化。

（3）扫描电镜　扫描电镜（Scanning Electronic Microscopy，SEM）是介于透射电镜和光学显微镜之间的一种微观形貌观察手段，可直接利用试样表面材料的物质性能进行微观成像。扫描电镜具有的优点包括：较高的放大倍数，20~20万倍之间连续可调；很大的景深，视野大，成像富有立体感，可直接观察各种试样凹凸不平的表面的细微结构；试样制备简单。目前，扫描电镜大都配有 X 射线能谱仪装置，这样可以同时进行显微组织形貌的观察和微区成分分析，因此它是当今十分有用的科学研究仪器。

（4）力学性能检测　力学性能检测是通过不同力学试验测定金属材料的各种力学性能判据。一般力学性能试验可分为拉伸试验、扭转试验、压缩试验、冲击试验、应力松弛试验、疲劳试验及硬度试验等。

不同的力学性能检测通常采用不同的仪器设备，检测过程需要制备试样，一些检测试验如疲劳试验等，还要经过足够多周次的试验才能得到材料的力学性能。在通常情况下，材料的力学性能需要从现场取样后在实验室进行试样检测，因而一般不适合用于自动检测。

▶ 4. 机械损伤及其检测技术

机械损伤是指材料在机械载荷或热载荷作用下发生承载能力下降的现象。机械损伤包括机械疲劳、热疲劳（含热棘轮）、振动疲劳、接触疲劳、机械磨损、冲刷、汽蚀、过载、热冲击、蠕变、应变时效等。

机械损伤发生后，往往伴随着因承载能力下降引发的宏观失效，如蠕变变形、裂纹等，因而对应可能发生蠕变变形或开裂的机械损伤可以采用相应的检测方法。如机械疲劳引发的裂纹发生时，可以通过渗透、磁粉或涡流进行检测。

除机械损伤发生后引发的压力容器失效可以采用相应的裂纹、腐蚀减薄及材质劣化等检测方法进行检测外，还可以通过特殊的传感器，针对引发机械损伤的源头如材料的振动、异常响声等，来检测振动疲劳、接触疲劳和机械磨损。

▶ 3.3.2　基于特征安全参量的在线监测预警

▶ 1. 基于特征安全参量的压力容器安全保障技术

压力容器运维经验表明，影响特定工作环境在役压力容器安全的通常是一个或几个关键特征参量,这些关键特征参量对特定工作环境下的失效机制比较敏感,且与压力容器安全具有某种对应关系,通过对这些可以表征在役设备安全状态的关键特征参量进行在线监测,可以保障压力容器的安全。基于特征安全参量的压力容器安全保障技术就是通过在线测量针对特定失效模式的特征安全参量,结合特征安全参量与结构完整性的关联关系,确定设备是否临近失效状态,以达到失效早期预警,并提前制订有效的运行维护与降险策略的目的。

近年来,美国多家企业共同组建了"工业互联网联盟",德国提出了"工业4.0"理念,同时,我国颁布《中国制造2025》旨在推进信息化和工业化深度融合。伴随传感测量、无线网络、高性能计算等技术快速发展,针对流程工业承压设备开展远程在线监测预警已成为控制和降低在役设备失效风险的重要措施之一,石化行业依据流程工艺特点及运维服务模式,提出"监管控"一体化管理理念,并构建了适应于"互联网+"时代的石化行业运维管理解决方案。

在国外,艾默生推出了PlantWeb2.0数字生态系统结构,将智能无线传感与无线通信、数据安全和智能应用高度集成,体现了石化工业智能运维平台的特点;西门子在德国汉诺威工业博览会上发布基于云的开放式物联网操作系统MindSphere,该系统可提供广泛的设备与企业系统连接协议,借助MindSphere的开放式平台服务(PaaS)功能,石化企业可以根据自己的特殊需求开发定制化工业应用;GE旗下工艺物联网平台Predix被业内认为是唯一一个针对数字双胞胎进行优化的平台和学习系统,提供了石化工业资产和系统情报全新方案,适用于石化流程工业各种情况,从高安全装备到附属结构,再到关键阀门、法兰等设备。

在国内,在役压力容器远程运维技术也取得了快速发展。在损伤机理识别与特征安全参量筛选方面,涵盖炼化行业全系列工艺装置的失效模式数据库已在合肥通用院建成,为特征安全参量的智能识别奠定了基础。在特征安全参量的远程检测监测技术方面,$-180 \sim 600℃$温度范围的压力容器剩余壁厚在线测量和550℃以下压力容器的应变在线测量已成熟,0.1mm级裂纹的在线测量已开始工程应用;在压力容器实时风险评估方面,具备成熟的RBI软件"通用中特石化装置工程风险分析系统"、IOW软件"完整性操作窗口"等;在基于特征安全参量的运维平台方面,已开发出"石化装置远程监测预警及运维系统",具备剩余壁厚、应力应变等特征安全参量在线监测、动态风险评估、腐蚀智能防控等功能,并在进行示范应用。

▷▷ 2. 特征安全参量的选取原则、 度量方法和临界值判定

特征安全参量是指可以用来表征承压设备针对某种失效机制反映本质安全裕度的参数,具有两个特点:一是对失效机制的变化具有敏感性,二是可以通

过控制该参量来保证承压设备的安全性。对在役承压设备特征安全参量进行实时监测、诊断和预警，可以实现对其结构完整性的定量评估。下面针对腐蚀减薄、环境开裂、材质劣化、机械损伤四大类失效模式的若干典型损伤机理，对其特征安全参量的选取原则、度量方法、临界值判定等予以阐述。

（1）腐蚀减薄　石油化工装置承压设备经常在腐蚀介质环境下服役，均匀腐蚀、点蚀、局部腐蚀、缝隙腐蚀等是比较普遍的失效表现形式。对于此类承压设备，可以选取介质温度、浓度、流速、pH 值等作为特征安全参量。通过在线监测这些特征参量，即可对承压设备腐蚀速率和剩余承载能力进行分析预测，进而达到安全状况实时监测诊断和失效早期预警的目的。下面以原油蒸馏装置和加氢裂化装置为例进行介绍。

原油蒸馏装置高温部位（如塔盘、塔壁、炉管、转油线、高温管线等）及二次加工装置进料段，容易发生高温环烷酸腐蚀。采用腐蚀挂片、在线探针、超声波测厚、氢通量、电化学分析等监测手段，可以获得设备的平均腐蚀速率、瞬时腐蚀速率、剩余壁厚、腐蚀产物浓度（如氢、金属离子）等信息，再结合试验获得的温度、酸值、硫含量、流速、冲刷角度等因素对材质环烷酸腐蚀速率的影响规律，即可确定高温环烷酸腐蚀失效的临界值。

对于加氢裂化装置反应流出物空冷器（Reaction Effluent Air Cooler，REAC）系统，在高硫、高氯、高氮劣质原油加工过程中，NH_3、H_2S、HCl 等腐蚀性产物在一定温度下会生成 NH_4HS、NH_4Cl，引发铵盐沉积腐蚀和多相流冲刷腐蚀。为此，通过监测 REAC 入口温度、介质平均流速、H_2S 分压、NH_4HS 浓度、氯离子含量、pH 值、K_p 值等特征参量，并结合流场-温度场-浓度场多场耦合数值模拟和试验，可对铵盐结晶速率、垢下腐蚀速率、多相流冲刷腐蚀速率进行定量分析预测，提出空冷器系统特征安全参量的临界值。浙江理工大学开发的铵盐沉积腐蚀、多相流冲蚀实时状态监测专家诊断系统和 REAC 流动腐蚀预测模型（图 3-23）已在石化企业应用，为预防流动腐蚀失效提供了重要支撑。

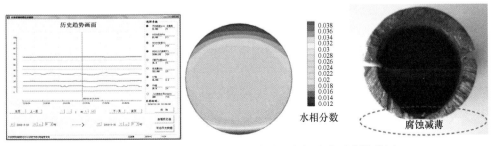

图 3-23　加氢空冷器铵盐沉积腐蚀和多相流冲刷腐蚀监测

（2）环境开裂　环境开裂是金属材料暴露在特定腐蚀介质环境下的一种失效表现形式，包括氯化物应力腐蚀开裂、碱应力腐蚀开裂、氨应力腐蚀开裂、硫化氢应力腐蚀开裂等。该失效模式与材料种类、环境温度、介质浓度、pH值、应力水平等因素密切相关，发生开裂前往往无明显征兆，是一种危害性较大的失效形式。对于存在这种失效模式的承压设备，其特征安全参量可选取应力水平、裂纹深度、介质浓度、温度和pH值等。通过监测这些特征安全参量，再结合应力腐蚀开裂机理、裂纹扩展规律，即可对其安全状况进行分析评价。

以某环氧乙烷反应器应力腐蚀开裂为例，2008年某石化企业从国外进口的两台SA543高强度钢制环氧乙烷反应器焊缝发生应力腐蚀开裂泄漏，数百条裂纹难以修复（图3-24）。合肥通用院和该石化企业开展了高温含氧水环境下的应力腐蚀开裂机理分析和裂纹扩展规律研究，并通过改进工艺条件，在线监测介质浓度、温度、pH值、裂纹尺寸等措施，确保了该设备长达6年的安全运行。

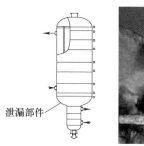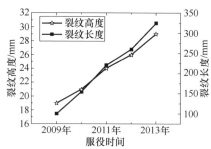

图3-24　某石化企业环氧乙烷反应器应力腐蚀裂纹监测

（3）材质劣化　材质劣化包括珠光体球化、石墨化、晶粒长大、渗碳、渗氮、脱碳等，是金属材料长期暴露在高温和/或腐蚀环境下材料金相组织逐步劣化、强度和/或韧性逐步下降的一种损伤表现形式，通常与环境温度、服役时间、介质成分等因素密切有关。对于存在这种失效模式的承压设备，其特征安全参量可选取金属壁温、介质浓度、材质硬度、剩余壁厚等。通过对这些特征安全参量的实时监测分析，再辅以定期金相组织检验、表面和内部缺陷检测、拉伸和冲击等力学性能测试，进而对承压设备的安全状况进行综合判断。

以乙烯裂解炉耐热合金炉管渗碳为例，由于乙烯裂解炉耐热合金炉管服役温度较高，裂解过程中形成的副产物（焦炭）在炉管内壁结焦，随着碳原子的侵入，在炉管内壁形成硬而脆的金属碳化物（M_7C_3）。服役温度越高，渗碳层发展越快，材料韧性和高温持久强度下降越明显（图3-25）。为此，可对炉管的操作温度、介质组分进行监测，并结合碳化物生成演化规律、金相和硬度检测结果，对其剩余承载能力、持久断裂寿命进行预测，一旦超过临界值即发出预警。

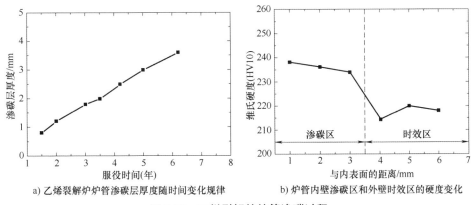

a) 乙烯裂解炉炉管渗碳层厚度随时间变化规律　　　b) 炉管内壁渗碳区和外壁时效区的硬度变化

图 3-25　乙烯裂解炉炉管渗碳过程

（4）机械损伤　对于疲劳、热疲劳、热机械疲劳、蠕变、蠕变疲劳交互作用等机械损伤，环境温度、应力应变大小及其幅值、服役时间是决定承压设备结构完整性的特征参量。对于这种失效模式，可通过环境温度、应力应变在线监测，实现承压设备损伤状况的实时诊断和剩余寿命预测。下面以焦炭塔热机械疲劳、蒸汽管道蠕变或蠕变疲劳为例进行介绍。

延迟焦化装置焦炭塔长期在高温下服役，承受温度和压力双循环，容易产生热机械疲劳损伤。在损伤发展初期，塔体下部首先产生鼓胀变形；随着服役时间的延长，鼓胀变形逐步向塔体的上部发展；达到某一临近值时，最终造成塔体失稳、设备失效（图 3-26）。针对焦炭塔鼓胀变形，可在焦炭塔中下部不同位置布设传感器，监测温度和应力应变发展规律，建立焦炭塔应力应变分布特性与结构完整性之间的对应关系；同时结合物联网技术，实现焦炭塔安全状态的远程监测和剩余寿命预测。图 3-27 所示为焦炭塔典型部位的温度和微应变变化规律。

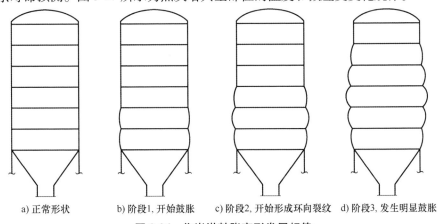

a) 正常形状　　　b) 阶段1, 开始鼓胀　　　c) 阶段2, 开始形成环向裂纹　　　d) 阶段3, 发生明显鼓胀

图 3-26　焦炭塔鼓胀变形发展规律

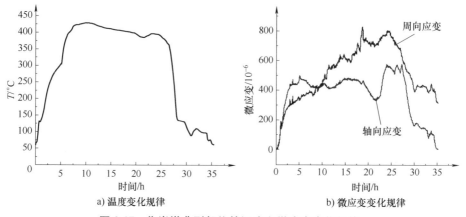

a) 温度变化规律　　　　　　　　　　b) 微应变变化规律

图 3-27　焦炭塔典型部位的温度和微应变变化规律

热电厂高温蒸汽管道一般在工作温度 540℃ 以上运行，长期服役后将会产生蠕变或蠕变疲劳损伤。为此，在高温压力管道应力集中部位安装大量程高温应变传感器来监测蠕变应变发展规律，同时结合定期金相检验和缺陷检测，可以实现高温压力管道蠕变损伤在线监测和事故早期预警。华东理工大学等单位在国家 863 计划重点项目"极端条件下重大承压设备的设计制造与维护"支持下开发的基于位移放大机构的高温应变监测传感器和蠕变损伤实时分析软件（图 3-28 和图 3-29），已在我国热电厂高温蒸汽管道上得到成功应用，为企业装置的安全生产管理提供了技术支撑和决策依据。

图 3-28　基于位移放大机构的高温应变监测传感器

▶ 3. 基于特征安全参量的远程运维平台

将现代信息技术与传统的装备运维技术相结合，以平台形式提供综合性的压力容器远程运维技术服务，包括动态风险评估、实时安全性评价、临近失效预警、应急资源调度等。图 3-30 所示为基于特征安全参量的在役压力容器远程运维平台建设内容。

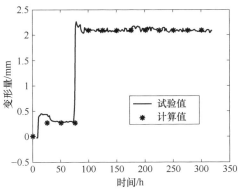

图 3-29 高温压力管道蠕变损伤实时分析软件

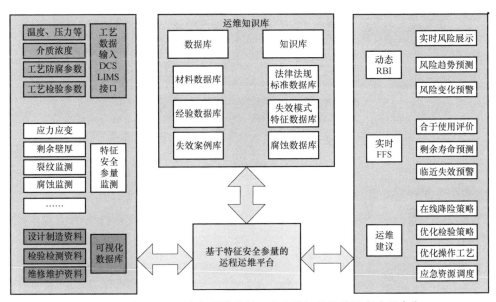

图 3-30 基于特征安全参量的在役压力容器远程运维平台建设内容

▷▷ 4. 远程运维技术典型应用案例

加氢装置高压空冷系统是典型的高风险单元。近年来，我国加氢装置反应流出物系统冷换设备腐蚀失效问题频繁发生，其所引发的火灾、爆炸等常带来较大经济损失。某石化企业 360 万 t/年煤柴油加氢裂化装置以直馏煤柴油和催化柴油的混合油为原料，在中压条件下生产优质重石脑油、航煤和柴油。由于原油劣质化、催化柴油加工量的增加，空冷器（REAC）及换热器管束常发生因铵盐结晶沉积垢下腐蚀、多相流冲蚀等典型流动腐蚀引发的堵塞、泄漏问题，引发装置的非计划停工。

经分析，加氢装置高压空冷系统发生铵盐结晶沉积垢下腐蚀、多相流冲蚀的主要原因在于：原料油、新氢中的氯、氮、硫含量超标，换热器与空冷器的注水量不足或注水位置设置不合理，空冷器管束的流场发生明显偏流等。因此，可通过建立铵盐结晶与腐蚀性多相流冲蚀预测模型，结合温度、压力、流量、pH 值、腐蚀速率等测量系统，构建高压空冷系统铵盐腐蚀、冲蚀的状态智能监测体系。图 3-31 所示为加氢装置高压空冷系统铵盐腐蚀机理与操作的逻辑关系。

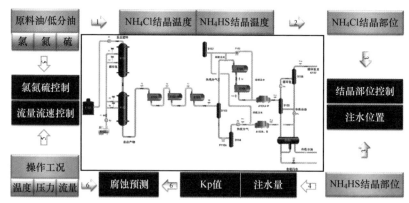

图 3-31　加氢装置高压空冷系统铵盐腐蚀机理与操作的逻辑关系

通过铵盐腐蚀、冲蚀高风险区域精准预测，安装多相流管道在线实时壁厚监测、温度监测装备，实现壁厚、温度等关键参量监测数据实时传输。图 3-32 所示为空冷器关键部位壁厚实时监测。图 3-33 所示为空冷器管束的温度实时监测。

图 3-32　空冷器关键部位　　　　**图 3-33　空冷器管束的**
壁厚实时监测　　　　　　　　　**温度实时监测**

结合装置实时的 DCS、LIMS 系统数据，建立原料中氯、氮、硫元素含量与设备工艺注水适用性评定方法，明确注水位置、注水量等一系列要求，并通过运维平台实现智能化预防硫氢化铵和氯化铵腐蚀的注水量自动控制优化技术，大大减缓空冷系统的铵盐腐蚀与冲刷腐蚀，有效延长设备的使用寿命，以实现风险的实时监控。图 3-34 所示为加氢装置运维平台。图 3-35 所示为注水量的设防与操作预警。

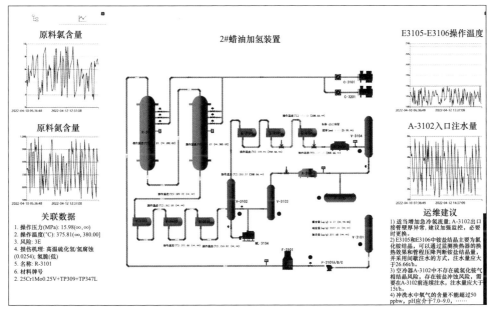

图 3-34　加氢装置运维平台

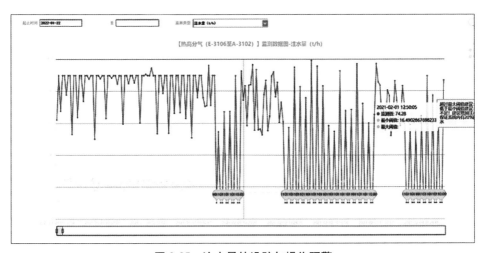

图 3-35　注水量的设防与操作预警

3.4　灾前预防与灾后恢复控制

我国自然灾害发生频率高、分布地域广、经济损失大。暴露在台风、浪流、火灾等灾害环境下的危化品承压设备一旦发生开裂泄漏，容易引发爆炸、环境污染、放射性污染等次生灾害，将严重危及人民生命财产安全和社会稳定。灾害环境下如何确保危化品承压设备"不漏不爆"，灾害发生后如何对设备受损情况进行快速甄别评价，是工程界急需解决的重大难题。目前，美国、挪威等工业发达国家已针对台风、浪流、火灾等灾害环境，研究建立了危化品承压设备防灾减灾技术方法，形成了相关标准。近年来，国内学者针对台风、浪流、火灾等灾害环境，研究了危化品承压设备灾前预防与灾后恢复控制关键技术，为保障我国灾害环境下危化品承压设备安全运行提供了技术支撑。

▶▶ 3.4.1　高耸塔器风致疲劳寿命分析

我国是世界上台风登陆较多、遭受灾害严重的国家之一。如何提高石化装置高耸塔器的防风抗振能力，确保沿海、沿江等台风频发地区高耸塔器的服役安全，成为一个迫切需求。高耸塔器在风载荷作用下的振动疲劳是其一种主要失效模式。例如，某炼化企业的脱甲烷塔，由于设计时没有考虑临海地区台风频繁引起的疲劳载荷，且由于无损检测方法不当导致存在原始制造缺陷，焊缝中的原始缺陷在风载荷作用下发生疲劳扩展，以至于在塔器锥段大小端焊缝、裙座焊缝、人孔接管等部位出现了穿透性开裂现象，如图3-36所示。

图 3-36　高耸塔器风致疲劳开裂

美国 ASME 锅炉及压力容器规范、我国压力容器设计标准 NB/T 47041《塔式容器》均对高耸塔器的风载荷及风振响应给出了计算方法，但这些规范只将风载荷列为塔器承受的短期载荷，并没有考虑沿海、沿江地区长期风载作用导致的塔器疲劳断裂。为此，合肥通用院、浙江工业大学、天津大学等单位开展了高耸塔器风振响应分析、风载诱发振动弯矩估算、风致疲劳寿命分析、免于疲劳分析判定、防风抗振结构优化设计等方面的研究，为高耸塔器防风抗振设计提供了技术支撑。

≫ 1. 高耸塔器风振响应特性

（1）顺风向风振响应特性　以某石化企业高耸塔器（52.8m 高）为例，基于谐波叠加理论的顺风向高耸塔器不同部位的脉动风速时程模拟结果，如图3-37所示，该模拟结果与目标谱吻合较好。图 3-38 所示为自功率谱检验图。

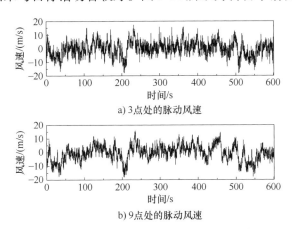

a) 3点处的脉动风速

b) 9点处的脉动风速

图 3-37　部分模拟点的脉动风速时程样本

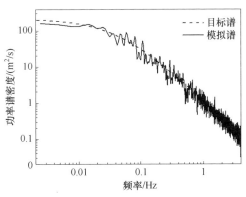

图 3-38　自功率谱检验图

针对顺风向的风振响应分析，将脉动风速时程作为载荷输入，利用有限元数值模拟方法，计算得到该塔器各部位在操作工况和空塔时的弯矩和位移响应（图 3-39）。图 3-40 所示为两种工况下塔顶位移均方根的时域统计值与频域理论值，可见各风速下由离散的脉动风载荷求解得到的时域统计值与连续积分求解得到的频域理论值基本吻合。将计算结果与 NB/T 47041 进行对比（图 3-41），结果表明 NB/T 47041 计算值偏小，并不保守。

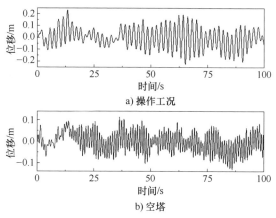

图 3-39　塔顶位移响应

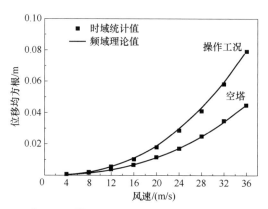

图 3-40　两种工况下塔顶位移均方根的时域统计值与频域理论值

（2）横风向风振响应分析　基于 Vickery-Basu 理论，考虑旋涡脱落激励、来流紊流激励以及气动弹性激励等因素影响，运用谐波叠加法，对横风向气动力谱进行时程模拟，并通过对横风向风载荷时程样本的加载求解，得到操作工况和空塔时横风向位移响应；同时，获得各风速下旋涡脱落激励、来流紊流激励及气动弹性激励（气动阻尼）在总响应中的比例（图 3-42）。结果表明：旋涡脱落激励在共振风速区占主导，来流紊流激励在远离共振区占主导，且空塔的共振响应明显大于操作塔，两者共振位移峰值相差 6 倍。

（3）振动弯矩估算及实测验证　基于以上分析，得到空塔和操作工况顺风

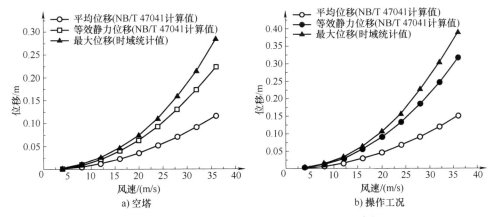

图 3-41　塔顶位移响应计算值与 NB/T 47041 对比

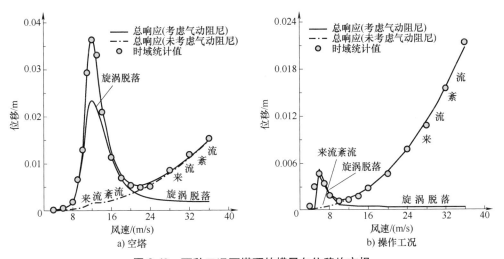

图 3-42　两种工况下塔顶的横风向位移均方根

向和横风向塔底危险截面振动弯矩响应，如图 3-43 所示。选择上海地区某一高耸塔器进行了实测，对塔顶位移进行测量，对弯矩估算方法进行验证，预测与实测误差在 10% 以内。

⫸ **2. 基于风速、 风向分布的疲劳寿命分析方法**

采用 Weibull 分布模型分析风速与风向的联合分布，其分布函数和概率密度函数的表达式为

$$P\left(U<x,\ \theta\right)=f(\theta)\left\{1-\exp\left[-\left(\frac{x}{a(\theta)}\right)^{r(\theta)}\right]\right\} \tag{3-2}$$

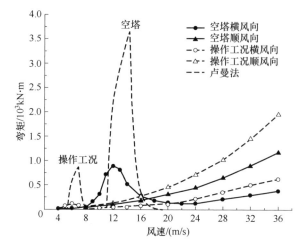

图 3-43　塔底危险截面振动弯矩响应

$$P(U, \theta) = f(\theta) \frac{r(\theta)}{a(\theta)} \left(\frac{U}{a(\theta)}\right)^{r(\theta)-1} \exp\left[-\left(\frac{U}{a(\theta)}\right)^{r(\theta)}\right] \tag{3-3}$$

式中，U 为风速值；$f(\theta)$ 为各风向的频度函数；$a(\theta)$、$r(\theta)$ 为与风向 θ 有关的分布参数。

根据风振响应分析和雨流计数法，对空塔和操作工况下对应的应力循环进行统计，结果如图 3-44 所示，图中 α 为风向与所选截面的夹角。

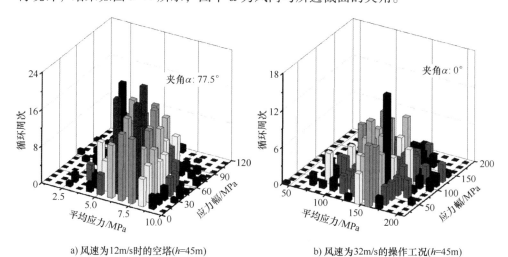

a) 风速为12m/s时的空塔(h=45m)　　　　　b) 风速为32m/s的操作工况(h=45m)

图 3-44　危险截面应力循环的雨流计数法统计结果

若单位时间为 T，风速为 $\overline{V}_i$、风向为 θ_j 的风在高耸塔器危险截面 θ_k 方向上引

起的疲劳损伤记为 $D_k(\bar{V}_i, \theta_j)$，则考虑风速与风向联合分布，T 时间内危险截面 θ_k 方向上引起的疲劳损伤为

$$D_k = \sum_{i=1}^{N} \sum_{j=1}^{n} D_k(\bar{V}_i, \theta_j) P_{ij} \quad (k = 1, 2, \cdots, n) \tag{3-4}$$

取上述计算得到不同方向的疲劳损伤最大值为 D_{max}，其所在的方向 θ_k 为疲劳主裂纹的萌生和扩展方向，结构的风致疲劳寿命为

$$T_s = \frac{T}{D_{max}} \tag{3-5}$$

由此，计算得到空塔和操作工况下不同焊接缺陷要求等级对应的疲劳寿命，分别见表3-8、表3-9。表中 k 是应力集中系数，等级是按 BS 5500 规定的埋藏非平面缺陷的评定等级。

表3-8　空塔时塔器的风致疲劳寿命　　　　（单位：年）

等 级	顺 风 向	横 风 向	顺风向 & 横风向	
	$k = 3.393$		$k = 3.393$	$k = 5.009$
E	267	2.04	2.03	0.62
F	157	1.23	1.23	0.38
F2	104	0.84	0.83	0.26

表3-9　操作工况下塔器的风致疲劳寿命　　　　（单位：年）

等 级	顺 风 向	横 风 向	顺风向 & 横风向	
	$k = 3.393$		$k = 3.393$	$k = 5.009$
E	77.4	845	70.2	26.9
F	46.3	460	41.6	15.8
F2	31.1	281	27.7	10.3

▶ 3. 阻尼减振装置

针对高耸塔器防风抗振技术需求，以调谐阻尼减振装置和液体阻尼器两种装置为例进行介绍。调谐阻尼减振装置是基于钢丝绳多向隔振和干摩擦阻尼原理，适用于安装在高耸塔器顶端外部的调谐阻尼减振装置，其减振性能优于同类装置；液体阻尼器是基于液体晃荡减振原理，塔顶振幅可减小70%以上。

（1）调谐阻尼减振装置　调谐质量阻尼器（Tuned Mass Damper, TMD）是常用的一种被动式振动控制系统，在高层建筑及工业生产中有广泛的应用。在

这种减振系统中加入一定的阻尼，当所连接吸振器的固有频率与激励频率相同时，通过吸振器对主结构施加反向惯性力即可起到减振的效果。针对 TMD 减振装置，可运用数值模拟研究烟气脱硫塔在风诱导振动下 TMD 的减振情况，得到 TMD 减振装置的优化设计参数，优化后的 TMD 减振装置具有很好的减振效果。在有限元模拟基础上，通过开展简化试验（图3-45）和风洞试验（图3-46），利用缩比模型进行分析，可以验证 TMD 减振装置的实际效果较好。该装置目前已在多个企业应用，有效提高了高耸塔器的防风抗振能力。

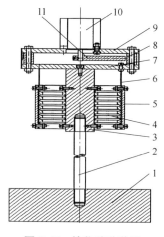

图 3-45　简化试验装置

图 3-46　风洞试验装置

1—底座　2—钢柱　3—连接件　4—钢丝绳隔振器
5—质量环　6—悬绳　7—平台　8—支撑管
9—电动机板　10—步进电动机　11—偏心轮

（2）液体阻尼器　通过安装液体阻尼器，塔器在风载荷作用下振动时，阻尼器箱体中的液体会随着塔器一起运动，并引起表面波浪，这种液体和波浪对箱体侧壁的压力构成了对塔体的减振力。通过调整箱体尺寸参数可以调节水箱中液体的质量和晃动频率，从而使液体阻尼器减振力达到最大。该减振力使得阻尼器与塔体之间产生相互作用，增大了塔体阻尼比。

为了满足各个方向的防振要求，将液体阻尼器箱体设计为圆柱形。该圆柱液体阻尼器由圆柱形箱体、支座、进排液口构成。如图3-47所示，与摆动式阻尼器一样，将圆柱液体阻尼器在塔器顶部沿周长方向均布，使塔器无论发生哪个方向上的振动，阻尼器都可以做出正确的响应，以满足减振需要。根据安装空间大小，可分别采用4个、6个、10个的阻尼器，其结构简图如图3-48所示。数值模拟和实测结果表明，加装液体阻尼器后，塔顶振幅迅速衰减，具有很好的减振效果。

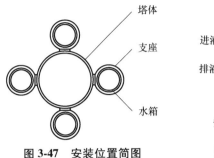

图 3-47 安装位置简图

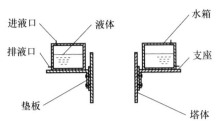

图 3-48 圆柱液体阻尼器结构简图

3.4.2 火灾过烧后损伤状况快速检测评价

随着全球原油劣化和能源紧张，我国石化和能源行业承受了前所未有的安全运行压力，腐蚀性介质与运行条件的相互作用使得压力容器与管道经受着巨大的考验，火灾和爆炸事故时有发生。事故发生后，除对火灾和爆炸事故进行原因分析外，关键是要快速有效地对暴露在火灾下的压力容器和管道进行合于使用评价，以确定其是否适宜继续服役或降级使用，这对于减少事故损失、及时恢复生产具有重要意义。为此，合肥通用院、广东省特检院（全称为广东省特种设备检测研究院）等单位开展了 07MnNiMoDR、16MnR、12MnNiVR 等压力容器常用材料火烧热模拟试验，研究了显微组织和力学性能退化规律，建立了火灾后承压设备损伤快速检测评价技术方法。

1. 典型压力容器材料热模拟试验

火灾后相似损伤材料的热模拟过程实质上是火灾中金属材料的热暴露温度、保温时间及冷却速率等的再现过程。通过热模拟试验，可筛选出与现场相似损伤（硬度、金相组织）材料，进而利用相似损伤材料测试得到受火设备合于使用评价所需的各种性能数据。这里以 07MnNiMoDR 为例进行介绍。

图 3-49 所示为 07MnNiMoDR 在空冷和水冷两种条件下不同热暴露温度时硬度随保温时间的变化情况。根据相关资料，07MnNiMoDR 的抗拉强度范围为 610~730MPa，对应硬度范围为 191~230HV。由图 3-49 可以看出，空冷条件下，当温度在 750℃以下时，不同保温时间下的硬度保持在 190~210HV10；当温度达到 750℃时，硬度随着保温时间的延长而下降，从保温 2h 的 196HV10 下降到保温 12h 的 190HV10。水冷条件下，当温度低于 750℃时，不同保温时间下的硬度保持在 200~220HV10。

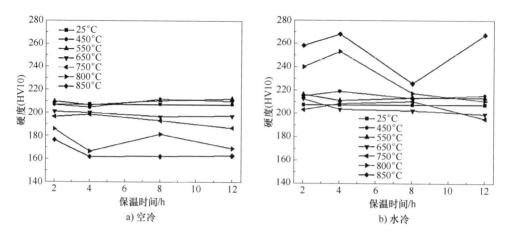

图 3-49　07MnNiMoDR 在空冷和冰冷两种条件下不同热暴露温度时
硬度随保温时间的变化情况

图 3-50 所示为 07MnNiMoDR 不同热处理后的金相组织。由于 07MnNiMoDR 的相变温度为 746℃，当热暴露温度达到 750℃以上时，将出现奥氏体化现象，从而导致显微组织发生变化。850℃热暴露 8h 时的显微组织比热暴露 2h 的显微组织明显长大。图 3-50c 所示的显微组织具有更多马氏体组织，这是由于 850℃热暴露 8h 后，奥氏体程度增大，水冷过程中将产生更多的马氏体组织。

a) 850℃恒温2h后空冷　　　　b) 850℃恒温8h后空冷　　　　c) 850℃恒温8h后水冷

图 3-50　07MnNiMoDR 不同热处理后的金相组织

图 3-51 所示为 07MnNiMoDR 不同保温时间下屈服强度和抗拉强度随热暴露温度的变化情况。可以看出，无论是空冷还是水冷，650℃以下时，屈服强度和抗拉强度分别保持在 560MPa 和 640MPa 左右。空冷条件下，当温度高于 650℃时，屈服强度随温度不断下降，抗拉强度开始下降的温度为 750℃；当温度达到 850℃时，屈服强度和抗拉强度分别明显低于 490MPa 和 610MPa 的材料标准要求。水冷条件下，当温度高于 650℃时，屈服强度随温度先下降后升高，而抗拉强度则不断升高。

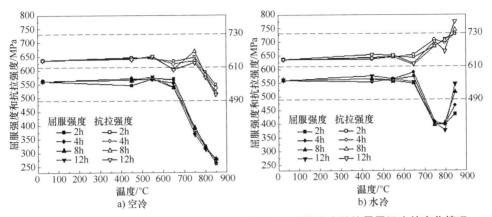

图 3-51 07MnNiMoDR 不同保温时间下屈服强度和抗拉强度随热暴露温度的变化情况

07MnNiMoDR 抗拉强度和硬度的对应关系如图 3-52 所示。根据 07MnNiMoDR 的硬度随热暴露温度的变化规律，可获得空冷和水冷时每一热暴露温度下硬度和抗拉强度的对应关系。

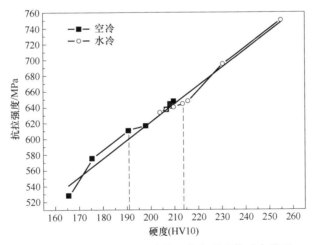

图 3-52 07MnNiMoDR 抗拉强度和硬度的对应关系

由此建立空冷和水冷条件下抗拉强度和硬度的线性拟合公式为

$$R_m = 2.33 \times HV10 + 156 \tag{3-6}$$

图 3-53 所示为 07MnNiMoDR 不同保温时间下冲击吸收能量随温度的变化情况。可以看出，无论空冷或水冷，650℃ 以下时，冲击吸收能量基本保持在 223～318J 的范围；当温度达到 750℃ 时，冲击吸收能量急剧下降到最小值 40J 左右，仅为未进行热处理的原母材冲击吸收能量的 15%，不能满足 07MnNiMoDR 材料

标准中冲击吸收能量不低于 80J 的要求；750℃时纤维断面率为 0，即为脆性断口，说明经过 750℃后材料的冲击韧性最差。当温度高于 750℃时，随着温度的升高，除了图 3-53b 所示保温 2h 和 4h 的工况，冲击吸收能量均表现为增大趋势。

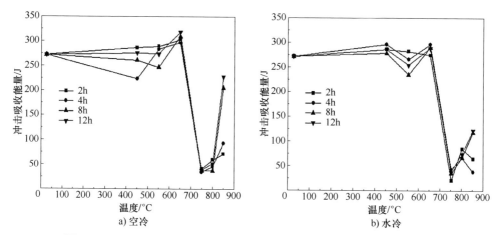

图 3-53　07MnNiMoDR 不同保温时间下冲击吸收能量随温度的变化情况

⫸ 2. 火灾后压力容器与管道损伤快速检测评价

（1）评价方法流程　压力容器金属经过高温后其力学性能和金相组织将发生变化。金属力学性能测试一般需要对压力容器进行破坏性采样，并需要通过试验才能获得。下面介绍一种基于金相和硬度的损伤现场快速检测技术方法，可对火灾后压力容器是否合于使用做出快速检测评价。因硬度测定和金相检验无须对压力容器进行破坏，仅在压力容器金属表面即可直接测定，所以其操作简便快捷。

基于硬度和金相的损伤现场快速检测评价流程图如图 3-54 所示，包括以下步骤。

1）判别火灾过程中过火压力容器的冷却方式。根据火灾发生时的消防措施，确定火灾过程中该过火压力容器的冷却方式是空冷还是水冷。对于空冷，温度临界值可看作是材料的硬度随温度的变化过程中，材料硬度刚产生逐渐由高到低变化时其拐点对应的温度；对于水冷，温度临界值是试验材料的硬度刚产生由低到高变化时其拐点对应的温度。

2）至少在过火压力容器的受火损伤部位设置多个测定点，对各测定点进行硬度现场测定。对过火压力容器进行硬度现场测定时，需要对过火压力容器金属表面进行网格划分，测定点的设置覆盖受火损伤部位和未受火损伤部位。

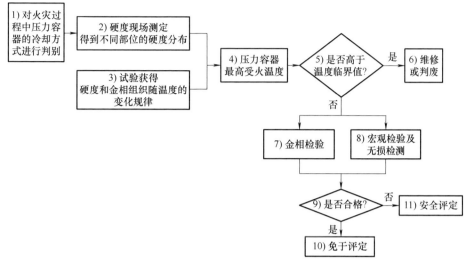

图 3-54　基于硬度和金相的损伤现场快速检测评价流程图

3）以过火压力容器所用相同材料为对象，通过热模拟试验获得其硬度随温度的变化规律，取该种材料的硬度产生拐点变化时对应温度为其温度临界值。采用热模拟试验装置对与过火压力容器上所用相同材料开展不同热暴露温度和冷却速度下的热模拟试验，试验开始后将相同材料升温到预定温度，然后根据所获得的过火压力容器的冷却方式，将其空冷或水冷到环境温度，实现对相同材料火灾过程的模拟，获得硬度和金相组织随温度的变化规律，并作硬度随温度的变化规律图。

4）比较步骤 2）所测过火压力容器不同测定点硬度分布与步骤 3）中所获得硬度随温度的变化规律，确定火灾发生时该过火压力容器的最高受火温度。

5）将步骤 4）中过火压力容器的最高受火温度与温度临界值进行比较，当最高受火温度高于温度临界值时，进入步骤 6）；否则直接进入步骤 7）和 8）。

6）当最高受火温度高于临界值时，进入该过火压力容器维修或判废操作。

7）对过火压力容器进行金相检验。金相检验是在测定点部位进行，当步骤 5）的最高受火温度低于温度临界值时，只需对最高受火温度所处测定点部位周围进行金相检验抽查，以验证最高受火温度。

8）对过火压力容器进行宏观检验和无损检测。

9）根据步骤 7）的金相检验和/或步骤 8）的宏观检验及无损检测结果，判断其是否合格：合格时，进入步骤 10）；否则进入步骤 11）。

10）过火压力容器免于评定，可继续投入使用。

11）进入该过火压力容器的常规断裂与疲劳安全评定操作。

（2）评价方法优点　该评价方法的主要优点体现在以下几方面。

1）该方法通过对过火压力容器进行现场硬度测定和金相组织检验，同时采用热模拟试验，确定该过火压力容器所用材料的硬度随温度变化规律，以其相应试验材料的硬度拐点变化时所处温度为其温度临界值，然后将现场测定的硬度分布结果代入其变化规律并得到相应的最高受火温度。在两者对比后，从而实现对过火压力容器的损伤严重程度的快速筛查，进而根据宏观检验和无损检测结果实现对过火压力容器的安全评定，其评定效率高，可快速而有效的对过火压力容器是否合于使用做出评价。

2）对过火压力容器金属表面进行网格划分，从而使其测定点的设置覆盖受火损伤部位和未受火损伤部位，以保证对整个过火压力容器的表面损伤结果的全面检测。由于过火压力容器的受火部位界限本身较为模糊，大范围多目标的测定点采用，能够为其最终获得数据的准确性提供理论依据，也更能保证所获取的过火压力容器最高受火温度的精确性。

3）该方法具有免于评定的准则。当压力容器最高受火温度低于温度临界值，且金相组织检验结果合格和宏观检验及无损检测没有发现超标缺陷时，过火压力容器则免于评定。此准则免去了虽是常规但极其烦冗而复杂的断裂和疲劳安全评定过程，为实现火灾后压力容器的快速检测评价提供了保证。

3.4.3　海洋管道悬跨和偏移安全性评估

海洋管道由于具有连续、快捷、输送量大等特点，成为海洋油气集输的主要形式，是海洋油气开发工程的生命线。海洋管道一旦失效，不仅影响海上油气的正常生产，若发生原油泄漏，还会带来重大经济损失和恶劣的环境、社会影响。海洋管道服役时，受到波浪、海流、海床等因素影响，难免会出现悬跨和偏移，导致管道的受力状况发生变化，这是安全运行的重大隐患。此外，立管作为连接海底生产系统和海上平台的关键设备，因其位置的特殊性，是海洋装备的薄弱环节。因此，合肥通用院联合挪威船级社（DNV）、英国焊接研究所（The Welding Institute，TWI）等机构，开展了海洋管道悬跨、偏移及立管安全评估技术研究。

1. 悬跨安全评估

悬跨是指由于某种原因在管道与海床表面之间形成的不直接接触的管段。例如，由于海流冲蚀，导致铺设时原本埋设在海床中的管道逐渐裸露进而发展形成悬跨。海水流经悬跨段时，会出现旋涡发放现象，引发周期性的作用力，导致管道发生振动，造成的涡激振动疲劳是悬跨管道的一种主要失效模式。

悬跨高度会影响管道附近流场，进而影响涡激振动周期性载荷。采用计算流体力学方法是研究不同悬跨高度管道涡激振动力的重要途径。图 3-55 所示为不同高度悬跨涡量对比，e 是管道与海床的间隙，D 是管道外径，e/D 是间隙比。分别采用大涡模拟（Large Eddy Simulation，LES）和 k-ω 模型（雷诺平均法）计算得到的升力系数与 Lei C 试验结果对比情况，如图 3-56 所示。可以看出，两种模拟方法计算得到的升力系数随间隙比的变化趋势与 Lei C 试验结果基本一致。LES 法计算结果更准确，特别是在间隙比较小时，k-ω 模型计算结果总体偏保守。

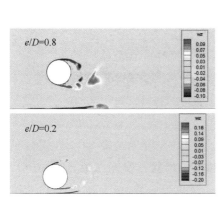

图 3-55　不同高度悬跨涡量对比

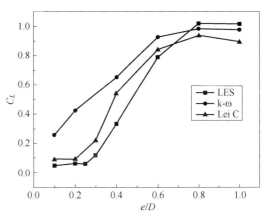

图 3-56　不同高度悬跨升力系数

由于海床土壤与悬跨两端接触，海床土壤的刚度、阻尼等力学行为会影响悬跨的结构响应。图 3-57 和图 3-58 分别所示为采用数值模拟方法获得的土壤刚度和阻尼对悬跨受力状况的影响规律。

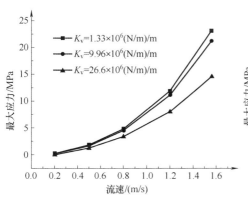

图 3-57　采用数值模拟方法获得的土壤刚度对悬跨受力状况的影响规律

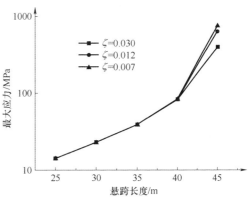

图 3-58　采用数值模拟方法获得的土壤阻尼对悬跨受力状况的影响规律

根据不同间隙比和不同土壤刚度悬跨结构响应分析结果，基于线性损伤累积准则及浪流分布规律，可以得到悬跨疲劳寿命，如图 3-59 和图 3-60 所示。

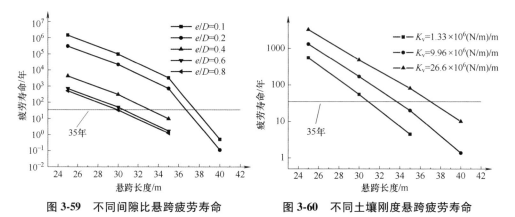

图 3-59　不同间隙比悬跨疲劳寿命　　　　图 3-60　不同土壤刚度悬跨疲劳寿命

⫸ 2. 偏移安全评估

若海床发生移动，则埋设在海床中的海洋管道也会随之移动（即发生偏移）。考虑非线性材料本构关系和不同类型土壤非线性管土交互作用（图 3-61），采用数值模拟方法可获得偏移管道结构响应。基于获得的管道弯矩和应变（图 3-62），可对偏移管道进行安全评估。

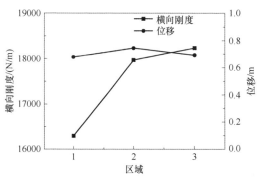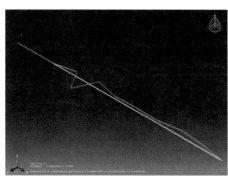

图 3-61　不同类型土壤横向刚度及位移量　　　　图 3-62　管道偏移数值模拟计算

⫸ 3. 立管安全评估

海流流经立管时，同样会引发旋涡脱落现象，产生涡激振动；此外，平台运动和剪切流场的分布也会对立管结构响应产生影响。以一种典型形式立管——顶张力立管为例，综合考虑波浪、剪切流和平台等因素影响，介绍立管两向（顺流向和横流向）涡激振动的安全评估方法。

在传统尾流振子模型的基础上，考虑阻尼力和附加质量的影响，两向涡激振动激振力改进的表达式为

$$F_x(z,\ t) = \underbrace{-Mq\dot{q}}_{\text{激励}} \underbrace{-\frac{1}{2}\rho_w DC_D\mid\dot{x}\mid\dot{x} - \frac{1}{2}\rho_w DUC_{x1}\dot{x}}_{\text{阻尼}} \underbrace{-\frac{\rho\pi D^2}{4}C_{ax}\ddot{x}}_{\text{附加质量}} \quad (3\text{-}7)$$

$$F_y(z,\ t) = \underbrace{Nq}_{\text{激励}} \underbrace{-\frac{1}{2}\rho_w DC_D\mid\dot{y}\mid\dot{y} - \frac{1}{2}\rho_w DUC_{y1}\dot{y}}_{\text{阻尼}} \underbrace{-\frac{\rho\pi D^2}{4}C_{ay}\ddot{y}}_{\text{附加质量}} \quad (3\text{-}8)$$

$$M = \alpha\beta^2\rho_w UD^2,\ \ N = \frac{\beta}{2}\rho_w U^2 D \quad (3\text{-}9)$$

式中，q 为局部脉动升力系数与固定圆柱升力系数之比；ρ_w 为海水密度；D 为管道外径；C_D 为阻力系数；U 为波流共同作用下的水质点速度；ρ 为钢管密度；α、β 为引入参数，$\alpha = C_{D0}/(\pi St C_{L0})$、$\beta = C_{L0}/q_0$，脉动参考阻力系数 $C_{D0} = 0.2$，脉动参考升力系数 $C_{L0} = 0.3$，St 为 Strouhal 数，$q_0 = 2$ 为尾流振子不考虑强迫项时的极限环振幅；C_{x1}、C_{y1} 为阻尼系数，$C_{x1} = 0.507$、$C_{y1} = 0.487$；C_{ax}、C_{ay} 分别为顺流向和横流向附加质量系数，$C_{ax} = C_{ay} = 1$。

图 3-63 和图 3-64 分别由改进的两向涡激振动激振力模型计算得到的立管位移标准差和位移均方根平均值与试验对比图。可以看出，该模型计算值与试验结果的符合性较好。

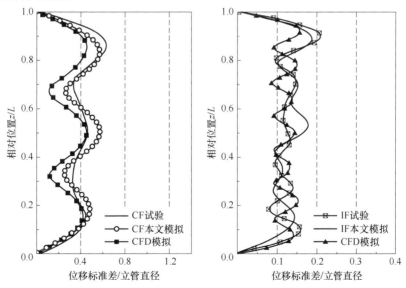

图 3-63　位移标准差与试验对比图

z—与立管底部的距离　L—立管长度

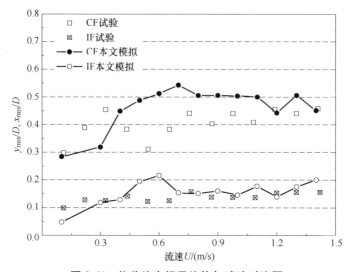

图 3-64　位移均方根平均值与试验对比图

根据我国东海某海域海洋环境波浪、海流参数，以规格为 $\phi378mm\times15.1mm$、水深为 300m（即立管长度为 300m）的立管为例，介绍影响立管疲劳寿命的相关应力参数。采用雨流法统计应力均方根最大处的横流向和顺流向应力幅和相应的循环周次，如图 3-65 所示。可见，横流向应力幅值与顺流向应力幅值相比分布较为疏松，应力幅值较大，而顺流向应力幅值和平均应力分布则具有一定的集中性。

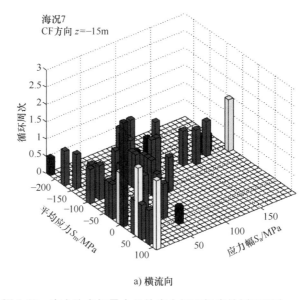

a) 横流向

图 3-65　应力均方根最大处的应力幅和相应的循环周次

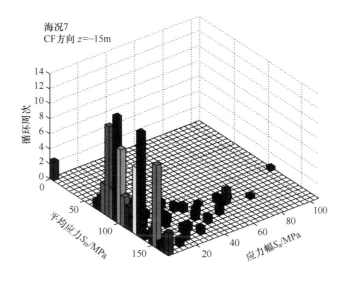

b) 顺流向

图 3-65　应力均方根最大处的应力幅和相应的循环周次（续）

立管应力均方根较大部位三个节点在不同短期海况等级下横流向和顺流向的疲劳累积损伤，如图 3-66 所示。可见，低海况等级下立管顺流向疲劳累积损伤较低，但当海况级别较高时，顺流向的疲劳累积损伤较高不可忽略。由此，可得到服役期（20 年）立管横流向和顺流向的疲劳累积损伤，如图 3-67 所示。

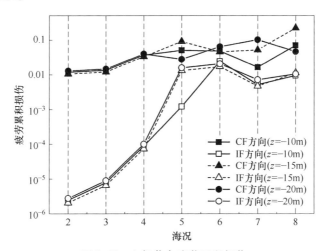

图 3-66　上部节点疲劳累积损伤

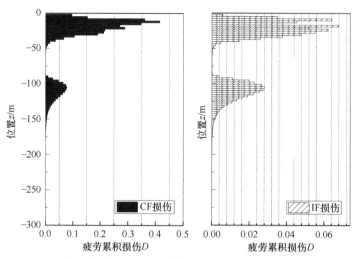

图 3-67 服役期（20 年）立管横流向和顺流向的疲劳累积损伤

参 考 文 献

［1］ CHEN X D，YANG T C，WANG B，et al. Application of risk-based inspection in safety assessment of pressure equipment of Chinese petrochemical plants ［C］//ASME PVP 2006. Vancouver：ASME，2006.

［2］ CHEN X D，AI Z B，YANG T C，et al. Analysis method of failure likelihood on pressure equipment with combined action of multi-failure mechanism ［C］//ASME PVP 2010. Seattle：ASME，2010.

［3］ 梁春雷，王建军，高俊峰，等. 高酸原油加工中常用材质的耐腐蚀性能 ［J］. 腐蚀与防护，2013，34（8）：734-738.

［4］ 陈炜，余进，任日菊，等. 加氢装置热高分系统完整性操作技术研究 ［J］. 压力容器，2021，38（3）：66-72；79.

［5］ 陈学东，艾志斌，范志超，等. 我国承压设备事故调查分析及基于风险的设计制造与维护 ［C］. 无锡：第七届全国压力容器学术会议，2009.

［6］ 陈学东，王冰，杨铁成，等. 基于风险的检测（RBI）在中国石化企业的实践及若干问题讨论 ［J］. 压力容器，2004（8）：39-45.

［7］ 陈学东，杨铁成，艾志斌，等. 基于风险的检测（RBI）在实践中若干问题讨论 ［J］. 压力容器，2005，22（7）：36-44.

［8］ API. Risk based inspection base resource document：API 581 First Edition 2000 ［S］. Washington：the American Petroleum Institute and the American Society of Mechanical

Engineers，2000.

［9］ API. Risk based inspection：API 580 First Edition 2002［S］. Washington：the American Petroleum Institute and the American Society of Mechanical Engineers，2002.

［10］ API. Risk based inspection：API 580 Second Edition 2008［S］. Washington：the American Petroleum Institute and the American Society of Mechanical Engineers，2008.

［11］ API. Risk based inspection.：API 580 Third Edition 2016［S］. Washington：the American Petroleum Institute and the American Society of Mechanical Engineers，2016.

［12］ 全国锅炉压力容器标准化技术委员会. 承压设备系统基于风险的检验实施导则：第 1 部分　基本要求和实施程序：GB/T 26610.1—2011［S］. 北京：中国标准出版社，2011.

［13］ 全国锅炉压力容器标准化技术委员会. 承压设备系统基于风险的检验实施导则：第 2 部分　基于风险的检验策略：GB/T 26610.2—2014［S］. 北京：中国标准出版社，2014.

［14］ 全国锅炉压力容器标准化技术委员会. 承压设备系统基于风险的检验实施导则：第 3 部分　风险的定性分析方法：GB/T 26610.3—2014［S］. 北京：中国标准出版社，2014.

［15］ 全国锅炉压力容器标准化技术委员会. 承压设备系统基于风险的检验实施导则：第 4 部分　失效可能性定量分析方法：GB/T 26610.4—2014［S］. 北京：中国标准出版社，2014.

［16］ 全国锅炉压力容器标准化技术委员会. 承压设备系统基于风险的检验实施导则：第 5 部分　失效后果定量分析方法：GB/T 26610.5—2014［S］. 北京：中国标准出版社，2014.

［17］ 陈炜，吕运容，程四祥，等. 基于风险的石化装置长周期运行检验优化技术［J］. 压力容器，2015，32（2）：69-74；53.

［18］ 章湘武，梁国华. 风险检验技术（RBI）在茂名石化的应用［J］. 中外能源，2010，15（6）：82-85.

［19］ 陈学东，艾志斌，杨铁成，等. 基于风险的检测（RBI）中以剩余寿命为基准的失效概率评价方法［J］. 压力容器，2006（5）：1-5.

［20］ 艾志斌，陈学东，杨铁成，等. 复杂介质环境下承压设备主导损伤机制的判定与失效可能性分析［J］. 压力容器，2010，27（6）：52-58.

［21］ 陈炜，陈学东，顾望平，等. 石化装置设备操作完整性平台（IOW）技术及应用［J］. 压力容器，2010，27（12）：53-58.

［22］ AI Z B，CHEN X D，YANG T C，et al. Guaranteeing long-cycle safe operation of ethylene plant by RBI technology［C］//ASME PVP 2010. Seattle：ASME，2010.

［23］ 全国锅炉压力容器标准化技术委员会. 在用含缺陷压力容器安全评定：GB/T 19624—2004［S］. 北京：中国标准出版社，2005.

［24］ 陈学东，范志超，江慧丰，等. 复杂加载条件下压力容器典型用钢疲劳蠕变寿命预测方法［J］. 机械工程学报，2009，45（2）：81-87.

［25］ FAN Z C，CHEN X，D CHEN L，et al. Fatigue-creep behavior of 1.25Cr0.5Mo steel at high temperature and its life prediction［J］. International Journal of Fatigue，2007，29（6）：

1174-1183.

［26］涂善东，轩福贞，王国珍．高温条件下材料与结构力学行为的研究进展［J］．固体力学学报，2010，31（6）：679-695.

［27］中华人民共和国工业和信息化部．含缺陷高温压力管道和阀门安全评定方法：JB/T 12746—2015［S］．北京：机械工业出版社，2016.

［28］陈学东，蒋家羚，杨铁成，等．湿 H_2S 环境下典型压力容器用钢应力腐蚀开裂门槛值的估算［J］．压力容器，2004，21（3）：1-5.

［29］CHEN X D，AI Z B，LI R R，et al. Discussion on the interference phenomenon of multiple failure mechanisms and determination of dominant failure mechanism for pressure equipments［C］//ASME PVP 2016. Vancouver：ASME，2016.

［30］全国锅炉压力容器标准化技术委员会．承压设备合于使用评价：GB/T 35013—2018［S］．北京：中国标准出版社，2018.

［31］强天鹏．压力容器检验［M］．北京：新华出版社，2008.

［32］沈功田．承压设备无损检测与评价技术发展现状［J］．机械工程学报，2017，53（12）：1-12.

［33］王俊英．脉冲涡流无损检测系统与信号处理的应用研究［D］．绵阳：西南科技大学，2006.

［34］BSI. Guide to methods for assessing the acceptability of flaws in metallic structures：BS 7910—2019［S］．London：the British Standards Institution，2019.

［35］强天鹏，张杰．管子管板角焊缝射线检测灵敏度的若干问题［J］．无损检测，2018，40（12）：22-26.

［36］国家能源局．承压设备无损检测：第3部分　超声检测：NB/T 47013.3—2015［S］．北京：新华出版社，2015.

［37］国家能源局．承压设备无损检测：第9部分　声发射检测：NB/T 47013.9—2012［S］．北京：新华出版社，2012.

［38］李勇，胡明东．尿素合成塔检验及安全性分析［J］．压力容器，2015（4）：60-65.

［39］沈功田，戴光，刘时风．中国声发射检测技术进展：学会成立25周年纪念［J］．无损检测，2003（6）：302-307.

［40］全国锅炉压力容器标准化技术委员会．承压设备损伤模式识别：GB/T 30579—2014［S］．北京：中国标准出版社，2014.

［41］张居生，杜月侠，兰云峰，等．腐蚀监测技术及其适用性选择［J］．腐蚀与防护，2012，33（1）：75-78.

［42］梁春雷，王建军，高俊峰，等．监测研究高酸原油加工中的腐蚀规律［C］//压力容器先进技术：第七届全国压力容器学术会议论文集．无锡：第七届全国压力容器学术会议，2009.

［43］饶思贤，周煜．20G 和 Cr5Mo 的高温环烷酸腐蚀行为［J］．机械工程学报，2013，49

（16）：70-76.

[44] 江克，陈学东，杨铁成，等. 典型奥氏体不锈钢高温环烷酸腐蚀行为研究 [J]. 中国腐蚀与防护学报，2012，32（1）：59-63.

[45] API. Design, materials, fabrication, operation, and inspection guidelines for corrosion control in hydro processing reactor effluent air cooler（REAC）system：API RP 932-B：2004 [S]. Washington：the American Petroleum Institute and the American Society of Mechanical Engineers，2004.

[46] KAPUSTA S D, OOMS A, BUIJS J W, et al. Systematic approach to controlling fouling and corrosion in crude unit overheads and hydrotreater reactor effluents [C]//Corrosion 2001. Houston：Corrosion，2001.

[47] CHEN X D, ZHU J X, FAN Z C, et al. Failure and prevention of pressure vessel due to instability of process system [C]//ASME PVP 2013. Paris：ASME，2013.

[48] SUN L, ZHU M, OU G F, et al. Corrosion investigation of the inlet section of REAC pipes in the refinery [J]. Engineering Failure Analysis，2016，66：468-478.

[49] LIAN X M, CHEN X D, CHEN T, et al. Carburization analysis of ethylene pyrolysis furnace tubes after service [C]. Shanghai：14th International Conference on Pressure Vessel Technology，2015.

[50] PIEPER C J, SHOCKLEY L R, STEWART C W. Coke drum design-longer life through innovation [C]. Atlanta：AIChE 2000 Spring National Meeting，2000.

[51] JIA J H, HU X Y, WANG N, et al. Test verification of an extensometer for deformation measurement of high temperature straight pipes [J]. Measurement，2012，45：1933-1936.

[52] 王宁，涂善东，谢国福，等. 基于振动特性的高温管线蠕变损伤的识别 [J]. 动力工程学报，2011，31（3）：227-232.

[53] 汪睿，陈学东，范志超，等. 高耸塔器顺风向风振响应与疲劳寿命数值分析 [J]. 压力容器，2013，30（11）：29-36.

[54] CHEN X D, AI Z B, FAN Z C, et al. Integrity assessment of pressure vessels and pipelines under fire accident environment [C]//ASME PVP 2012. Toronto：ASME，2012.

[55] DONG J, CHEN X D, WANG B, et al. The research on the effect of the height of free span on fatigue life of submarine pipeline due to vortex-induced vibration [C]//ASME PVP 2016. Vancouver：ASME，2016.

[56] 国家能源局. 塔式容器：NB/T 47041—2014 [S]. 北京：新华出版社，2014.

[57] 朱晓升，丁振宇，高增梁. 烟气脱硫塔风诱导振动的 TMD 控制研究 [J]. 压力容器，2013，30（12）：8-14.

[58] 董子瑜，丁振宇，陈冰冰，等. 带 TMD 减振装置的高耸设备模型风洞试验 [J]. 压力容器，2016，33（5）：9-15.

[59] 杨景标，陈学东，范志超，等. 07MnNiMoDR 钢火灾后力学性能及组织研究（一）——

硬度及金相组织 ［J］. 压力容器，2014，31（2）：1-8.

［60］杨景标，陈学东，范志超，等 .07MnNiMoDR 钢火灾后力学性能及组织研究（二）——拉伸性能 ［J］. 压力容器，2014，31（3）：1-8.

［61］杨景标，陈学东，范志超，等 .07MnNiMoDR 钢火灾后冲击韧性和断裂韧度试验研究 ［J］. 压力容器，2014，31（6）：1-8.

［62］王继元，陈学东，董杰，等 . 顶张力立管的两向涡激振动疲劳寿命时域分析 ［J］. 压力容器，2018，35（6）：15-23.

第 4 章

——

未来技术展望

面向国家碳达峰、碳中和决策部署，考虑产品全生命周期环境影响和资源效益，未来压力容器绿色制造技术研究可以从材料许用强度调整、低温压力容器用钢研发、换热器能效检测评价技术、低温应变强化技术、复合材料储氢技术、基于泄漏率控制的法兰密封技术等方面展开。

（1）材料许用强度调整　一方面，随着社会的发展，金属资源储量的减少，进一步减少金属材料消耗、降低压力容器材料许用强度系数的需求将始终存在；另一方面，随着压力容器全生命周期风险识别与控制技术的不断进步，压力容器材料、设计、制造、检验等各环节的不确定性进一步降低，也将为调整压力容器材料许用强度系数提供技术支撑。

（2）低温压力容器用钢研发　伴随液氢、液氧、液氩等气体工业发展，我国对低温压力容器用钢的需求量不断增加。需开发低温压力容器高强度钢板及配套焊条，包括-70℃低温压力容器用0.5%Ni钢（$R_m \geqslant 560MPa$）、-196℃低温压力容器用7%Ni钢（$R_m \geqslant 680MPa$）、-253℃低温压力容器用9%Ni钢（$R_m \geqslant 680MPa$）、-269℃低温压力容器用超高强度奥氏体不锈钢（含氮，$R_m \geqslant 690MPa$），通过微合金弥散强化，进一步提高材料强度，拓展温度下限，减少材料消耗；需开发低温压力容器用奥氏体高锰钢，替代3.5%Ni、5%Ni、9%Ni钢，以大幅降低低温压力容器的建造成本。

（3）换热器能效检测评价技术　我国换热器量大面广、节能潜力巨大，至今尚缺乏能效定量检测评价方法。需要从基本科学问题出发，理论分析、数值模拟与试验验证相结合，研究间壁式（板式、螺旋板、空冷器等）与接触式（接触式空冷和脱硫系统接触式）换热器热质输运机理，探明不同结构参量、热工参量对换热器宏观热力特性的影响规律，建立间壁式与接触式换热器能效检测评价技术体系，并通过强化传热与强度刚度协同设计，进一步降低设计冗余、提高传热效率。

（4）低温应变强化技术　室温应变强化技术是一种轻量化技术，已广泛用于奥氏体不锈钢制深冷容器的制造，但低温应变强化技术尚未深入开展。随着服役温度的降低，材料韧性在韧脆转变温度区域会急剧下降，压力容器发生脆断的风险增加。为防止低温脆断，需要开展低温环境下的材料性能测试，从材料性能指标、结构优化设计、应变强化工艺控制等方面，研究掌握奥氏体不锈钢低温应变强化技术。

（5）复合材料储氢技术　车载高压储氢方面，需要开展材料—环境—应力多因素耦合作用下的渐进失效规律及储氢瓶性能调控原理研究，攻克塑料内胆、纤维缠绕层、瓶口组合阀、密封结构设计制造与检测评价技术，开发70MPa及以上车载Ⅳ型储氢瓶。车载深冷高压（-240℃、20~35MPa）储氢方面，需要研发深冷高压储氢容器传热设计、长周期真空维持技术、深冷温区树脂改性技术，进一步提升氢燃料电池汽车的储氢密度。道路高压运氢方面，需要研发塑料内胆抗氢渗透、抗挠曲技术，瓶口 BOSS 结构防泄漏、抗扭转技术，管束瓶内胆-纤维层界面增强、带压缠绕与固化技术，开发 50MPa 及以上高压大容量管束集装箱，提高道路运氢供给能力。

（6）基于泄漏率控制的法兰密封技术 近年来，我国十分重视对过程工业挥发性有机物（Volatile Organic Compounds，VOCs）无序排放和泄漏的控制问题。当前，我国石化企业的法兰密封泄漏率普遍处于 10^{-4} ~ 10^{-3} g/（s·mm）之间，与发达国家水平 10^{-7} ~ 10^{-5} g/（s·mm）相比差距较大。开展基于泄漏率控制的法兰密封技术研究，是控制 VOCs 泄漏、避免环境污染、确保装置安全的有效途径之一。为此，需要开展法兰密封失效机理、长周期运行密封性能衰减规律研究，编制密封泄漏关系图谱及特征数据库，开发基于泄漏率控制的法兰密封设计方法，研发低泄漏率密封元件，规范法兰密封安装工艺，形成基于泄漏率控制的法兰密封标准体系。

（7）材料基因组与增材制造融合的轻量化制造技术 材料基因组技术是通过高通量试验与计算，探索发现材料成分、微观组织与宏观服役性能的关联规律，进而通过调整材料成分和微观组织，来控制产品宏观性能。利用材料基因组技术，可以开发出满足预期风险与寿命控制需求、成形与焊接性能优良的高强度钢材料，大幅缩短材料研发周期，实现重型压力容器轻量化。增材制造是基于离散-堆积原理，由三维数据直接驱动的快速成型制造技术。利用增材制造技术，可以解决一些复杂材料、复杂结构的加工制造难题，大幅提高材料利用率。因此，将材料基因组与增材制造技术相结合，有望实现压力容器轻量化智能制造，即通过高通量计算模拟和试验验证，实现材料性能的精准调控，再与激光熔覆、电子束焊接等增材制造技术相结合，满足压力容器复杂材料、复杂形状的形性控制需求。

（8）超期服役压力容器延寿技术 近年来，我国于 20 世纪建造的大批石化装置压力容器服役已陆续超过 20 年。我国压力容器安全技术规范 TSG 21—2016《固定式压力容器安全技术监察规程》规定，如果无明确设计寿命的压力容器服役时间超过 20 年，视为达到设计使用年限，要限制使用或报废。对于这些设备，如果全部报废，会造成巨大的经济损失，而如果盲目继续使用，或许会带来极大安全隐患。为此，需要研究超期服役压力容器失效模式、损伤机理与服役时间的关联规律，建立基于时间相关性的超期服役压力容器极限寿命预测方法，制订超期服役压力容器使用年限判定准则，为国家相关法规标准的修订提供科学依据。

（9）基于新一代人工智能的智能化远程运维技术　经三十多年发展，我国已建立一套较为完整的过程工业装置承压设备系统基于风险的在役维护技术体系，"十二五"以来，在基于特征安全参量的网络化远程运维方面进行了探索实践。一般来说，对于目前已知的失效模式，可以通过前文所述的基于特征安全参量的网络化远程运维技术来保障安全，但对于人们尚未掌握的失效模式，如何确保压力容器安全运行是需要进一步研究解决的难题。此时，可以利用人工智能技术，赋予远程运维系统自主学习的能力，即在现有人们对失效规律认知的基础上，通过系统自主运算、自主推理和自主判断，并辅以必要试验验证，帮助人们探索发现未知的失效模式、机理和失效劣化规律。新一代的人工智能甚至可以不依赖人类的失效规律认知经验，通过目标功能的自我发现、自我学习和自我决策，不断突破人类未知的失效边界，丰富完善失效知识库，进而通过失效知识库牵引，远程运维系统可以自我进化、状态自愈。此外，人们还可以发展数字双胞胎技术，通过设置各种传感器，实现物理实体与虚拟空间的映射关联，模拟重要设备的真实运行，通过人工智能推理判断和人脑智慧的分析协同，实现压力容器的自主优化运行，达到节能、降耗、增效、延寿的目的。

参 考 文 献

［1］CHEN X D，CUI J，LU Y R，et al. Structural design，manufacturing and maintenance technology of flange seal for pressure equipment based on leak rate control［C］//ASME PVP 2015. Boston：ASME，2015.

［2］CHEN X D，FAN Z C，CHEN Y D，et al. Development of lightweight design and manufacture of heavy-duty pressure vessels in China［C］//ASME PVP 2018. Prague：ASME，2018.

［3］CHEN X D，FAN Z C，DONG J，et al. Safety assessment of pressure vessels in service for more than 20 years［C］//ASME PVP 2020. Minneapolis：ASME，2020.

［4］CHEN X D，FAN Z C，CHEN T，et al. Thinking on intelligent design，manufacture and maintenance of pressure equipment in China［C］//ASME PVP 2019. San Antonio：ASME，2019.